彩图 3　赤　狐

彩图 4　银黑狐

彩图 6　金白狐

彩图 5　大理石白狐

彩图 7　巧克力狐

彩图 8　琥珀狐

1

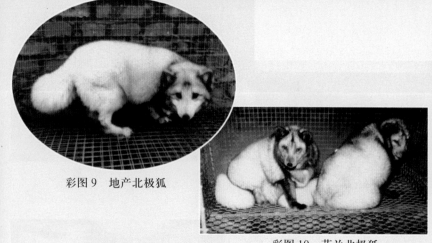

彩图 9　地产北极狐

彩图 10　芬兰北极狐

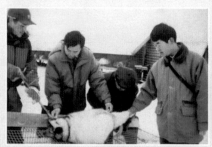

彩 图 11　测量芬兰狐体长

彩图 12　测定芬兰狐皮松程度

彩图 13　温顺的芬兰北极狐

彩图 14　芬兰狐影

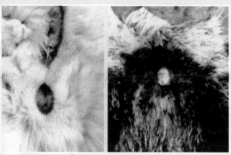

彩图16　北极狐（左）、银黑狐（右）
　　　　阴门发情状态

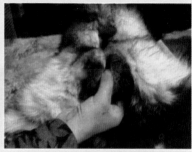

彩图15　触摸检查公狐睾丸

彩图18　狐交配的链裆行为

彩图17　发情检测仪测试

彩图19　沾取精液、品质检查

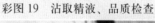

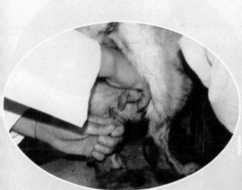

彩图20　人工采集狐精液

3

彩图 21　精液品质的感观比较　　　　　彩图 22　人工输精

彩图 23　银黑狐（左）、北极狐（右）母狐妊娠体态

彩图 25　棚舍喷雾消毒

彩图 24　笼、箱产前火焰消毒

4

彩图 26　铁网压草的产仔保温

彩图 27　母狐哺饲初乳

彩图 28　检查仔狐

彩图 29　检查母狐乳头

彩图 30　代养母狐叼回被代养仔狐

彩图 31　仔狐补饲

彩图 32　刚断奶的健康仔狐
（聊城　宋怀宁摄）

5

彩图 33　秋季换毛早（右）晚（左）个体的差别

彩图 34　银蓝杂交狐

彩图 35　金岛样狐

彩图 36　配种来临前异性刺激

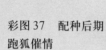

彩图 37　配种后期跑狐催情

彩图 38　植树遮阳、张挂遮阳网防暑

6

彩图39　钢瓦结构狐棚舍

彩图40　砖瓦结构狐棚舍
（山东　聊城）

彩图41　木架结构狐棚舍
（大兴安岭　金河）

彩图42　芬兰高离地面的架空狐棚舍

彩图43　芬兰种狐棚舍

彩图44　芬兰皮狐棚舍

彩图45　芬兰狐1.1米见方的大
笼舍侧壁安有30厘米宽的床网

彩图46　饲养芬兰纯繁狐的大笼舍
　　　　（山东　日照）

彩图47　养狐场的饲料加工间

彩图48　狐筒状剥皮

8

建设新农村农产品标准化生产丛书

狐标准化生产技术

主　编

佟煜仁　谭书岩

副主编

刘志平　庄洪民　张克成

编著者

南国梅　谭树良　张爱东　王玉俊

宋延平　赵芳庭　刘　蜜　花召栋

谭绪富　谭树萍　谭廷波

金盾出版社

内 容 提 要

本书由中国农业科学院特产研究所佟煜仁研究员及山东省水貂养殖中心谭书岩主任主编。内容包括：狐标准化生产概述、优良狐类型标准、繁殖技术标准化、狐种群选育技术标准化、饲养技术标准化、各生产时期饲养管理技术规程、狐场管理标准化、产品标准化、疾病防治标准化。内容翔实、技术先进、结构严谨、形式新颖，适于狐场管理和技术人员、个体养殖户、狐皮收购销售人员阅读，亦可供农业大专院校的相关专业师生参考。

图书在版编目(CIP)数据

狐标准化生产技术/佟煜仁，谭书岩主编. —北京：金盾出版社，2007.3
（建设新农村农产品标准化生产丛书）
ISBN 978-7-5082-4441-9

Ⅰ.狐⋯ Ⅱ.①佟⋯②谭⋯ Ⅲ.狐-饲养管理-标准化
Ⅳ.S865.2

中国版本图书馆 CIP 数据核字(2007)第 004671 号

金盾出版社出版、总发行

北京太平路 5 号(地铁万寿路站往南)
邮政编码：100036 电话：68214039 83219215
传真：68276683 网址：www.jdcbs.cn
彩色印刷：北京印刷一厂
黑白印刷：北京金盾印刷厂
装订：永胜装订厂
各地新华书店经销
开本：787×1092 1/32 印张：5.25 彩页：8 字数：108 千字
2009 年 10 月第 1 版第 2 次印刷
印数：13001—21000 册 定价：9.00 元

序　言

随着改革开放的不断深入,我国的农业生产和农村经济得到了迅速发展。农产品的不断丰富,不仅保障了人民生活水平持续提高对农产品的需求,也为农产品的出口创汇创造了条件。然而,在我国农业生产的发展进程中,亦未能避开一些发达国家曾经走过的弯路,即在农产品数量持续增长的同时,农产品的质量和安全相对被忽略,使之成为制约农业生产持续发展的突出问题。因此,必须建立农产品标准化体系,并通过示范加以推广。

农产品标准化体系的建立、示范、推广和实施,是农业结构战略性调整的一项基础工作。实施农产品标准化生产,是农产品质量与安全的技术保证,是节约农业资源、减少农业面源污染的有效途径,是品牌农业和农业产业化发展的必然要求,也是农产品国际贸易和农业国际技术合作的基础。因此,也是我国农业可持续发展和农民增产增收的必由之路。

为了配合农产品标准化体系的建立和推广,促进社会主义新农村建设的健康发展,金盾出版社邀请农业生产和农业科技战线上的众多专家、学者,组编出版了《建设新农村农产品标准化生产丛书》。"丛书"技术涵盖面广,涉及粮、棉、油、肉、奶、蛋、果品、蔬菜、食用菌等农产品的标准化生产技术;内容表述深入浅出,语言通俗易懂,以便于广大农民也能阅读和使用;在编排上把农产品标准化生产与社会主义新农村建设巧妙地结合起来,以利农产品标准化生产技术在广大农村和广大农民群众中生根、开花、结果。

我相信该套"丛书"的出版发行,必将对农产品标准化生产技术的推广和社会主义新农村建设的健康发展发挥积极的指导作用。

王连铮

2006 年 9 月 25 日

注:王连铮教授是我国著名农业专家,曾任农业部常务副部长、中国农业科学院院长、中国科学技术协会副主席、中国农学会副会长、中国作物学会理事长等职。

前　言

　　我国珍贵毛皮动物——狐饲养业,至今已历经半个世纪。优质的狐皮产品(彩图 1)不仅被制作成多姿多彩的裘皮服装(彩图 2),而且琳琅满目的饰品也越来越多。其销售对象已从高贵走向大众。广阔的市场需求给这一饲养业带来了可持续发展前景。

　　半个世纪以来,我国狐饲养业已取得长足发展和科技进步。但由于起步较晚和以民间散户生产方式为主,集约化、产业化发展滞后。尤其标准化管理、生产尚处于起步阶段。目前狐饲养业的标准匮缺,除国家有关部门曾发布过狐皮收购相关规格、国家林业局发布过"蓝狐饲养技术规程"行业标准(LY/T 1290—2005)以外,其他内容的标准均缺乏。

　　我国加入世界贸易组织以后,狐饲养业正面临着和国际接轨的机遇和挑战。加强本行业的标准制定和标准化推行,已成为迫在眉睫的任务。

　　山东省潍坊市水貂、狐狸良种场是国内养殖规模最大的基地,为山东省毛皮动物养殖科技研发中心。为了向标准化目标奋进,在潍坊市奎文区畜牧局、科技局的倡导下,2002 年组织专业技术人员在总结多年饲养经验的基础上,参照国内外技术资料编撰了"水貂、狐狸标准化养殖技术"手册。经驻场技术顾问、中国农业科学院特产研究所佟煜仁研究员审定,作为教材资料重点在山东省内开展了"水貂、狐标准化养殖技术"宣传贯彻和培训。2005 年又被列入国家星火计划,成为全国性培训项目(项目编号:2005 EA 740032)。

为了便于与全国同行广泛交流,共创我国养狐业标准化的佳绩,经进一步修改、补充和提高,原来的小册子就脱颖而出,成为现在《狐标准化生产技术》和《水貂标准化生产技术》两本书。

本书内容旨在把狐养殖技术用规程或规则的形式来体现。由于编著者水平有限,国内标准资料又匮缺,故书中欠妥之处在所难免,敬请业内同行不吝赐教。

本书编辑出版过程中承蒙山东省科技厅、潍坊市奎文区畜牧局、科技局重视与支持,中国农业科学院特产研究所佟煜仁研究员总编审,东北林业大学野生动物资源学院刘志平教授编审有关资料,金盾出版社给予大力支持和帮助,在此一并致以诚挚的感谢!

编 著 者

2006 年 11 月

目　录

第一章 狐标准化生产概述

一、狐标准化生产的概念

标准:"为在一定范围内获得最佳秩序,对活动或其结果规定共同的和重复使用的规则、导则或特许性文件,称为标准"。"标准应以科学、技术和经验的综合成果为基础,以促进最佳社会效益为目的"。

标准化:"为在一定范围内获得最佳秩序,对实际的或潜在的问题制定共同的和重复使用的规则活动,称为标准化。主要包括制定、发布及实施标准的过程"。

狐标准化生产:"农业标准化是实现农业现代化的一项综合性基础工作"。而狐标准化生产即指在养殖范围内为获得最佳养殖秩序和经济、社会效益而制定、发布和实施相关标准的过程。其隶属于农业标准化范畴,是农业标准化的重要组成内容,是养殖先进技术的全面展示,是各项先进技术和标准的综合效果,最终体现在产品、质量和经济效益上,是养殖业发展和提高的必由之路。

标准是时代科技进步的具体体现,因而标准化也随之与时俱进。

二、狐标准化生产的主要内容

狐标准化生产应展示出当代先进技术的综合效果,代表当代先进生产力和科学技术,因此应涵盖品种、繁育、饲养、管理的各项标准、规则(国家级、部委级、各地级或行业协会等)。

其内容必须具备如下原则。

第一,符合国家有关政策、法令,做到技术先进、经济合理、切实可行,有利于推动科技进步,增加产量,提高产品质量。

第二,符合合理利用资源,保护生态环境、卫生,提高社会经济效益。

第三,符合有利于因地制宜,发展地方名、特、优产品生产。

第四,符合按质论价兼顾农工商和消费者利益。

第五,符合对外经济、技术合作和对外贸易。

第六,符合与相关标准协调配套。

三、狐标准化生产的意义

我国特种动物养殖业起步较晚,目前标准化生产程度仍落后于畜牧业及其他产业。因此,努力推行特种动物养殖标准化更具现实和长远的意义。

第一,促进我国狐养殖业由传统饲养模式向当代先进标准化养殖模式转化,提高科学饲养技术水平。

第二,促进国内种狐品质、产品质量和生产水平提高,获得最佳养殖秩序和经济、社会效益。

第三,标准化生产规程可与国际有关动物福利、动物保护法规接轨,减少或杜绝因此而引起的贸易壁垒。

第四,有利于国内狐皮产品质量、养殖技术与世界先进国家接轨,促进国际贸易,开拓国际市场,加强国际交流。

第二章 国内优良狐类型标准

狐的类型品质决定了狐皮的质量,更影响到养殖的效益。无论饲养狐,还是引进种狐,都要优选优良类型。国内目前饲养的狐均属从国外引进的外来狐种。

一、狐的分类规则

本规则适用于狐的种、属分类和类型归类。

(一)狐的种、属分类

狐属于食肉目犬科,分狐属和北极狐属两个属。

(二)人工饲养的狐属狐

人工饲养的狐属狐主要有赤狐、银黑狐以及由赤狐和银黑狐所变种的各种毛色有别于赤狐、银黑狐的其他毛色狐,统称狐属彩狐。目前世界上已有狐属彩狐多达 30 余种,但国内饲养的色型较少。

(三)人工饲养的北极狐属狐

人工饲养的北极狐属狐主要有蓝狐(蓝色北极狐)、白色北极狐,还有变种的其他毛色北极狐,统称北极狐属彩狐。目前,世界上共有 10 余种北极狐属彩狐,我国仅有 2 种。

(四)狐属和北极狐属属间杂交狐

人工饲养条件下,特别是采用人工授精技术繁殖以后,狐属狐和北极狐属狐之间可以杂交繁殖,生产出属间杂交狐。由于这些杂交狐不育,故只能作为特殊类型的商品狐。

二、各类型狐的突出特征

(一)狐属狐的突出特征

1. 赤狐的突出特征　赤狐颜面细长,吻尖,耳直立,体修长,四肢较高(与北极狐相比),尾长占体长一半以上。被毛以棕红色为主,耳郭、四肢黑色,吻部黄褐色,喉、前胸、腹部毛色浅淡,呈白色或乌白色;尾上部毛色红褐带黑,尾尖白色(彩图3)。我国没有引进过纯种赤狐,目前所见毛色类似于赤狐的多为狐属彩狐,并非真正的赤狐。赤狐是狐属的原始野生类型。

2. 银黑狐的突出特征　银黑狐又名银狐,是赤狐在野生自然条件下的变种。体型与赤狐相仿,毛色相差悬殊。吻部、双耳背面、腹部、四肢均为黑色;背部、体侧部均为黑白相间的银黑色。银色毛被由针毛色泽决定,针毛根部灰黑色接近毛尖为银白色,针毛尖仍为黑色。因为银色毛衬托在黑色毛段之间,从而形成华丽的银雾状。绒毛灰黑色,尾尖白色(彩图4)。是国内外主要饲养的狐属狐。

3. 狐属彩狐的突出特征　狐属彩狐是赤狐、银黑狐的突变类型,分显性遗传和隐性遗传两种性状。

(1)显性毛色遗传彩狐的突出特征　狐属显性毛色遗传

的彩狐主要有白(铂)金狐、白脸狐、大理石(白)狐、乔治白狐，国内以白金狐、白脸狐、大理石白狐常见。

①白金狐的突出特征　白金狐被毛淡化成白里略透蓝近似于铂金的颜色，有的颈部有白色颈环、鼻尖至前额有一条白带。是银黑狐的显性突变类型，基因为杂合型($bbW^p w$)，显性基因纯合有胚胎致死现象(彩图5)。

②白脸狐($bbWw$)的突出特征　白脸狐又称白斑狐，是银黑狐显性突变类型。毛色近似于白金狐，四肢带有白斑。显性基因纯合有胚胎致死现象。

③大理石(白)狐突出特征　全身毛色呈均匀一致的白色，有的嘴角、耳缘略带黑色。大理石狐为杂合基因($bbMm$)、大理石白狐为显性纯合基因($bbMM$)，显性基因纯合无胚胎致死现象(彩图6)。

④乔治白狐($bbW^c w$)突出特征　乔治白狐也是银黑狐的显性突变类型，是原苏联培育的白狐，国内无有。

上述几种显性遗传的白狐基因相似，但复等位基因不同。

(2)狐属隐性遗传彩狐的突出特征　狐属隐性遗传基因彩狐主要有珍珠狐、白化狐、巧克力狐和棕色(琥珀)狐。体型外貌类似赤狐、银黑狐，被毛颜色各异。

①珍珠狐($pEpE, pMpM$)突出特征　被毛呈均匀一致的淡蓝色，类似珍珠颜色而得名珍珠狐。是银黑狐的隐性变种，国内外饲养较多。

②白化狐($AABBcc$)突出特征　被毛呈均匀一致的黄白色，眼睛、鼻尖粉红色。是赤狐隐性突变类型，因生命力低很少留种饲养。

③巧克力狐($bbbrFbrF$)突出特征　被毛呈均匀一致的深棕色(类似巧克力颜色)，眼睛棕色，为银黑狐的隐性突变类

型(彩图7)。

④琥珀狐(bbbrcbrc)突出特征　被毛呈均匀一致的棕蓝(类似琥珀颜色)色,眼睛蓝色,为银黑狐的隐性突变类型(彩图8)。

(二)北极狐属狐的突出特征

1. 蓝色北极狐(蓝狐)突出特征　蓝狐是北极狐属的原始类型,较狐属狐四肢短而肥胖、吻短宽、耳宽圆,绒毛丰厚,针毛短而稀少(彩图9)。

2. 芬兰北极狐突出特征　芬兰北极狐是芬兰在人工饲养条件下,培育成功的优良新类型北极狐。其突出特征如下。

(1)体型硕大　成年商品狐体长70～80厘米,体重10～20千克,大于原北极狐1倍以上(彩图10,彩图11)。

(2)皮肤松弛　皮肤松弛,颌下、颈部多皱褶,手提背皮皮褶高10厘米之多(彩图12)。皮张延伸率达体长70%以上。

(3)毛绒致密　绒毛丰厚、绒毛密度1万根/平方厘米以上,针毛短平、分布均匀。

(4)性情　性情温驯,饲料报酬率高(彩图13)。

3. 北极狐属彩狐突出特征

北极狐属彩狐类型较狐属少,主要有白色北极狐、影狐、蓝宝石北极狐、珍珠北极狐、蓝星北极狐、白金北极狐等。国内以白色北极狐、影狐多见,其余色型缺无。

(1)北极狐属显性遗传彩狐突出特征

①影狐(Ss)的突出特征　影狐被毛呈全身均匀一致的洁白色,鼻镜粉红或粉黑相间的颜色,眼有蓝色、棕色和一蓝一棕的。是蓝色北极狐的显性突变类型。显性基因纯合有胚胎致死现象。

②北极蓝星狐、北极白金狐突出特征 北极狐在野生条件下有两种毛色型:一种为浅蓝色型,长年保持较深的颜色,所以有蓝狐之称;另一种冬季为白色(但底绒为灰色),其他季节毛色变深,即白色。

这两种狐与影狐相仿,属复等位基因控制,显性基因纯合也有胚胎致死现象。

(2)北极狐属隐性遗传彩狐突出特征

①白色北极狐(dd) 又称白狐,夏季毛被黑褐色,冬季毛被白色(但底绒灰白色)。

②白化北极狐(cc) 被毛白色,鼻镜、眼粉红色。生命力低,很少留种饲养。

③珍珠北极狐 被毛毛尖呈珍珠色,鼻镜粉红色,是蓝色北极狐隐性突变类型。

④蓝宝石北极狐 被毛呈浅蓝色,是蓝色北极狐隐性突变类型。

三、国内各类型狐引种规则

本规则明确了各类型狐引种的规则和注意事项,适用于引种时对种狐的选择。

(一)引种的一般规则

第一,引种时优选市场适销对路的优良类型。

第二,引入的公狐品质要优于母狐。

第三,引种的适宜时机在秋分时节(9月下旬至10月下旬)。

第四,引种时优选有种狐经营资质,信誉好的大、中型场家。

第五，以引入当年幼狐为主，不知情的情况下，不宜贸然引进老种狐。

(二)各类型狐引种的具体规则

1. 银黑狐引种规则

(1)秋季换毛　优选换毛早、换毛快的个体，要求全身夏毛已全部脱换为冬毛，头、面部针毛竖立。

(2)毛被性状

①外观印象　总体毛色黑白分明、银雾状美感突出，既不太黑、又不太浅。

②银毛率　即银色针毛的分布，优选从头至尾根银毛分布均匀者。

③银毛强度　银毛强度受针毛银白色部分的宽窄所制约，太宽了总体毛色发白；而太窄了总体毛色发黑、银雾感降低。应优选银毛强度适中者。

④针毛尖和银毛的黑、白色差　针毛黑色部分越黑、白色部分越白，即反差越大品质越佳。

⑤背线和尾毛　优选从头至尾脊背黑色背线清晰和尾尖毛白的个体。

(3)体型性状　秋分时节公狐体重≥5千克，母狐体重≥4.5千克；体长公狐≥65厘米，母狐≥60厘米。

2. 狐属彩狐引种规则　狐属彩狐的引种，体型、外貌、毛被脱换可参照上述银黑狐选种规则，但毛色性状要符合本色型的特征。

3. 芬兰北极狐原种和纯繁后代引种规则

(1)秋季换毛和冬毛成熟　国内引种芬兰原种纯繁北极狐，秋分时节要求冬毛转换良好；国外引进芬兰原种北极狐，则要求在取皮季节冬毛完全成熟。

(2)个体 必须是非埋植褪黑激素的个体。

(3)选择 应注重优良遗传性状(头型方正、嘴巴宽短、四肢粗壮、爪大而长、体形修长、皮肤松弛、性情温驯等)的选择,不要片面强调体重大小。

(4)挑选种狐的性器官 务必逐只检查淘汰单睾、隐睾、睾丸发育不良的公狐和外生殖器位置、形状异常的母狐。

(5)体型性状 国内引种秋分时节公狐体重≥10千克,母狐体重7千克左右;体长公狐≥70厘米,母狐65厘米左右。引种芬兰原种狐,公狐体重≥15千克,体长≥75厘米;母狐体重8千克左右,体长65厘米左右。

4. 国产北极狐和改良北极狐引种规则

(1)优选 宜优选蓝色北极狐引进(符合国内市场需求)。

(2)秋分换毛 宜优选夏毛已全部转换成冬毛(全身毛被变白)的个体。

(3)毛被性状 宜优选针毛短平、绒毛厚密的个体。

(4)体型性状 秋分时节地产狐体重≥4.5千克,改良狐≥7.5千克;地产狐体长≥55厘米,改良狐≥65厘米。

5. 影狐引种规则 影狐宜引进公狐,母狐不宜作种用。选择的规则可参照国产北极狐和改良北极狐引种规则。

四、种狐引种、运输、暂养规则

种狐引种是养狐场非常重要的基础工作,引种运输及其隔离暂养又是技术性较强的工作。应依照《中华人民共和国畜牧法》、国务院《种畜禽管理条例》认真执行。本规则适用于种狐引进及其运输、运回后隔离暂养的全过程。

(一)引种的准备

1. 有目的地引种　引种要有明确的目的,一般引种是改良提高本场狐群品质或增强本场狐良种优势,有时也为改善本场狐种群血缘关系而引种。应根据引种目的和需要确定拟引进的种类、性别及数量。

2. 调研、考察并确定引种场家　引种时应事先考察引种场家,选择有种狐经营许可证,种兽合格证和种兽系谱,饲养管理规范,种狐品质优良和卫生防疫条件好,信誉好的大、中型场家引种。正流行或刚流行疫病的场家,不能前去引种。对引种场家情况不明时,应多考察一些场家,货比三家,从优选择。

3. 做好引种准备工作　确定挑选种狐的技术人员,做好运输用品、运输方式等准备工作。

(二)引种的实施

1. 引种的适宜时间　引种最适宜的时间是秋分时节,此时幼狐已生长发育至接近成年狐大小,正处于秋季换毛的明显时期,毛皮品质的优劣也初见分晓,加之此时气候又比较凉爽,便于安全运输。必要的时候(如种狐优良而货源紧缺)也可以在幼狐分窝以后抢先引种,此时可引进当年出生较早的幼狐,但对其成年后的毛皮品质不便观察。

2. 种狐的挑选　种狐的挑选是引种最关键的环节,挑选种狐一定要严格按前文"种狐选择标准"进行,并要慧眼识狐以防以老充小、以次充好、以假乱真(如以杂交改良狐冒充原种纯繁狐等)的现象出现而上当受骗。

3. 挑选出的种狐集中观察　最好让场家把挑选出来的

种狐集中饲养,引种者要留心观察种狐的采食情况,剔除食欲不佳和错选的品质欠佳者。

4. 种狐的编号及记录其系谱档案 种狐启运前要编好顺序号,并记录各个体的系谱资料。

(三)种狐的运输

1. 办理检疫手续 种狐运输前一定要根据《中华人民共和国动物防疫法》第三十条规定,由动物防疫监督机构按照国家标准和国务院畜牧兽医行政管理部门的行业标准、检疫管理办法和检疫对象,依法对种狐进行检疫,并须检疫合格。要办理好种狐检疫和车辆消毒手续,办好检疫证明,以备运输中使用。

2. 种狐喂食和饮水 运输前最好喂给种狐常规数量的食物,但不宜喂得太饱,运输时间不超过 3 日,也可不喂食,但要保证种狐饮水。

3. 单笼运输 种狐装在特制的运输笼中,单笼运输,不允许 2 只一笼或多只一笼运输。运输笼具 2 只种狐一组,单笼规格不小于 60 厘米×40 厘米×40 厘米,笼间设隔板,内置水盒,铁皮托底。装笼时要在笼上做好顺序标记,以防运回后系谱错乱。

4. 不停留地运输 种狐装笼、车启运后应不停留地运输,尽量缩短中途停留的时间。

5. 防雨、防晒、通风 种狐运输不宜装在密闭的车厢内,种狐笼的上方应加盖苫布防雨、防晒。

6. 途中少量喂食、饮水 运输时间短(3 日内)途中可不喂食,但要少量提供饮水,运输时间长(超过 3 日)时,应及时供水和少量喂食。饮水时少给勤添勿湿毛绒以防种狐感冒。

(四)运回场内的管理

1. 设立隔离检疫场(区) 依照国家动物检疫法和动物检疫管理办法的具体规定,事先在场区的下风口处设立隔离检疫场(区)。

2. 暂放隔离场内饲养观察 新引进的种狐不宜直接放在场内饲养,应在单辟的隔离场或隔离区内暂养观察一段时间(2~4周),确认健康无疾患时方可移入场内饲养。

3. 到场后先饮水,后少量喂食 种狐运抵场内后迅速从运输笼移入笼舍内,先要添加足量饮水,然后喂给少量食物,食物要逐渐增加,2~3天后再喂至常量,以免种狐因运输后饥饿而大量采食,造成消化不良。

4. 及时补注疫苗免疫 引种时应确认场家是否已对种狐进行犬瘟热、病毒性肠炎和传染性脑炎疫苗免疫,如未免疫,则应在入场饲养前及时进行免疫。

5. 运输工具消毒处理 对所用运输工具,特别是运输笼要及时清理和消毒处理,以备再用。

第三章 狐繁殖技术标准化

狐繁殖技术标准化囊括了从准备配种期至仔狐断奶分窝的全过程,既有繁殖的准备工作,又有繁殖技术实施工作。历时约 9 个月时间,是狐年饲养周期中非常重要的生产阶段。本章重点介绍繁殖技术实施阶段内容,繁殖准备内容详见第六章。

一、狐配种技术规程

本规程规定了母狐发情鉴定、适时交配、公狐利用及精液品质检查和狐人工授精等技术操作规程,适用于狐配种期全过程。

(一)狐性成熟

第一,种狐 7~9 月龄性成熟,在严格选种和正常饲养管理情况下应全部达到性成熟。

第二,成年母狐,翌年的再繁殖受到当年产仔后体况恢复情况的影响,体况恢复不佳,特别是秋季换毛时间推迟者,翌年发情配种延迟,繁殖力下降。

(二)种狐发情鉴定

1. 种公狐发情鉴定

第一,种公狐发情与睾丸发育状况直接相关,通过检查睾丸发育,可预测其配种期发情情况(彩图 15)。

第二,种公狐在12月份,睾丸应发育至直径2.5厘米以上,两侧睾丸互相游离,下降至阴囊中,配种期来临前均能正常发情。

第三,种公狐在配种期来临前,对异性刺激有性兴奋行为,会发出"嗷、嗷"的求偶叫声,是正常发情和性欲的表现。

2. 种母狐发情鉴定

(1)种母狐发情鉴定的时间 种母狐配种期来临前狐属狐应于1月中旬、北极狐属狐应于2月中旬首次进行发情检查,配种期根据需要随时进行。配种前所进行的发情鉴定有助于了解种狐群发情进度,既便于配种期安排交配顺序,又能及时发现准备配种期饲养管理是否存在问题。

(2)种母狐最早发情受配时间 种母狐在正常饲养管理条件下,狐属狐1月下旬、北极狐属狐2月下旬就有发情并交配者,发情鉴定时间要比此提前。

(3)种母狐发情鉴定方法 种母狐发情鉴定主要方法有外生殖器官形态观察、阴道细胞图像观察、测情仪检测和放对试情4种方法。综合发情鉴定方法应以外生殖器官形态观察为主,以阴道细胞图像观察和测情仪检测为辅,以试情为准。

①外生殖器官形态观察 用捕狐夹或捕狐套保定住母狐颈部,抓住母狐尾巴,头朝下臀朝上,观看母狐外生殖器(阴门)的形态变化。

静止期:阴毛闭拢成束状,外阴不显。

发情前期:阴毛分开,阴门显露;阴门逐渐肿胀外翻,阴蒂显露;阴门黏膜色泽红润,稀薄的黏液分泌物逐渐增多。

发情期:阴门肿胀,外翻不再继续,阴门色泽开始变淡,黏膜开始皱缩,分泌物开始减少并变得浓稠(彩图16,图3-1)。

发情后期:阴门肿胀,外翻明显回缩,色泽变得灰暗,黏膜亦明显皱缩,分泌物干涸。

发情期是放对配种的最佳时机。

②阴道细胞图像观察　将吸管插入母狐阴道吸取,或用棉签蘸取阴道分泌物,置于载玻片上,在 100～200 倍显微镜下观察。

静止期:仅见到小而圆的白细胞,碎玻璃状的角化上皮细胞没有或极少。

发情前期:角化上皮细胞逐渐增多,白细胞逐渐减少。

发情期:大量的角化上皮细胞,基本上看不到白细胞。

发情后期:角化细胞崩解或聚拢,又可见到较多的白细胞(图 3-1)。

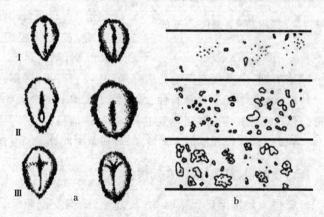

图 3-1　阴道细胞图像示意

a. 外阴变化　b. 细胞图像

(Ⅰ. 静止期至发情前期　Ⅱ. 发情期　Ⅲ. 发情后期)

③发情检测仪检测法　专用的狐发情检测仪(图 3-2,彩图 17),可以检测出母狐阴道内电阻值,根据电阻值变化规律,可准确判断母狐发情状态并确定适宜放对配种或人工授

图 3-2　狐用发情检测仪　（芬兰）

精的时间。母狐阴道电阻值变化曲线有 4 种情况（图 3-3）。

④试情放对法　将母狐放入试情公狐笼中,依据母狐的性兴奋反应来鉴定发情。

发情前期:母狐拒绝公狐扑捉和爬跨,扑咬强行爬跨的公狐或爬卧笼网一角对公狐不理睬。

发情期:母狐不拒绝公狐爬跨,被公狐爬跨表现顺从温驯,尾翘起。

发情后期:母狐强烈拒绝公狐爬跨,扑咬公狐头、臀部。

放对试情要注意:选择有性欲,性情比较温驯的公狐作为试情公狐;放对试情的时间不宜过长,达到试情目的后要及时分开;经试情确认母狐已进入发情期,要抓紧时间让母狐受配。

(三)适时初、复配,确保交配质量

母狐进入发情期后要适时初配、复配,确保交配质量,以提高受胎率。

狐属狐发情期和其排卵期相隔时间较短,已确认母狐已进入发情期,应抓紧让母狐受配。

北极狐属狐发情行为与其排卵期相差时间较长(1～2日),故北极狐母狐经试情已接受公狐爬跨的情况下,也不必急于放对配种或人工输精。老龄母狐应推后 1 日、小母狐推

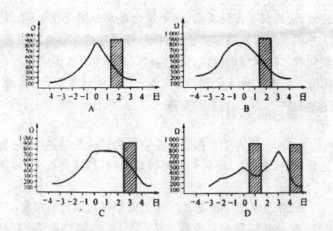

图 3-3　母狐阴道电阻值变化曲线和适宜输精时间

A. 电阻值升降均快、正常发情、在峰值下降 200Ω 的翌日输精

B. 电阻值升降较缓、正常发情、在峰值下降 200Ω 的翌日输精

C. 电阻值升高后持续几天、要等峰值下降 200Ω 的翌日输精

D. 电阻值下降后已输精，但又继续升高，待升高的峰值再次
　　下降 200Ω 后再次输精。属不正常的二次发情

后 2 日受配。

1. 确保母狐真受配　公、母狐放对后要注意观察配种行为，当公狐交配成功，即公、母狐发生链裆（链锁）时，可确定为真交配（彩图 18），并及时做好记录。如链裆时间不足 5 分钟，要及时通过精子检查来确认母狐是否真受配。

采取人工授精来代替自然交配时，则应保证输精到位，确保精液品质优良（详见后文狐人工授精实用技术操作规程）。

2. 适时复配　由于狐年周期中只发情 1 次，故必须采取连续复配的方式。即初配后连日或隔日进行复配。复配次数 1～2 次，输精时 2～3 日次即可，不必过多。

3. 注意个别母狐二次发情　个别母狐出现二次发情的

现象,故母狐受配结束后,还要继续观察外阴变化 3～4 日,确认外阴发情征候退缩为止。否则,外阴发情征候继续明显时,表明有二次发情的可能性。确认二次发情后,还应在再次发情时及时补配或人工输精。

(四)种公狐利用

1. 种公狐的适宜性比　狐采取自然交配繁殖时,适宜性比公、母狐为 1∶3～4,人工授精繁殖时,适宜性比公、母狐为 1∶20～30。

2. 种公狐的交配频度　种公狐配种初期每周可交配 2～3 次,配种旺期每周可交配 3～4 次,但连续交配 2～3 日次时,必须休息 1 天时间。

3. 种公狐的训练

配种初期,主要任务是训练公狐尤其是幼公狐学会配种,以便为配种旺期打好基础。

(1)训练公狐学会配种　主要是选择性情较温驯的发情母狐与其放对。注意观察公狐的交配行为,只要公狐有性欲要求,每次放对交配行为逐渐正常和熟练,就应坚持训练。

公狐学会配种以后,再交配其他母狐就比较容易成功了。训练公狐交配的过程中要有足够的耐心和爱心,禁止粗暴地恐吓和扑打公狐。

要特别注意防止公狐被母狐咬怕(公狐最怕头部被咬)或咬伤。否则,会使公狐发生性抑制而失去种用机会。

(2)重点使用有特殊交配技能的种公狐　放对配种中要注意观察每只种公狐交配行为的特点,对交配速度快、母狐不站立不抬尾也能交配成功的有特殊交配技能的公狐要控制使用,以便专门用来解决难配母狐的配种。

(3)提高种狐放对配种的效率　前一日要做好翌日放对计划,翌日放对时优先给交配急切和达成交配成功率高的公狐放对,同日内既有复配又有初配时,应优先给需复配的母狐放对。

(4)注意择偶性　公、母狐之间均存在不同程度的择偶性,有些个体表现出很强的择偶性。择偶性强的公狐应控制使用,择偶性强的母狐可通过多与公狐试情来选择合适配偶。

(五)种公狐精液品质检查

1. 精液品质检查的条件要求　精液品质检查必须在室温 20℃~25℃的温暖室内进行。载玻片、吸管应预热至 37℃备用。

2. 精液品质检查的操作

第一,精液品质检查宜在母狐结束交配后尽快进行。

第二,将吸管或细玻璃棒插入母狐阴道内 5~7 厘米深(彩图 19),蘸取少量精液滴在载玻片上,置 200~600 倍显微镜下观察。

3. 精液品质检查的项目

(1)精子密度　精液中精子密度可分成云雾状为稠密,精子之间有 1 个精子的距离为稀薄,居两者之间为较密。精子稀薄的精液为不合格精液(图 3-4)。

(2)精子活力　指呈直线运动精子所占的比例,精子活力要求 0.7 以上,低于 0.7 为不合格精液。

(3)精子畸形率　各类畸形精子(图 3-5)比例超过 20%为不合格精液。

4. 精液品质不良种公狐的处理　配种初期要注重种公狐精液品质检查,经 3 次连续检查确认精液品质不良的公狐,

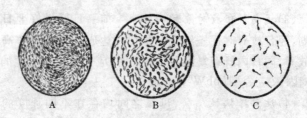

图 3-4　精子密度示意图

A.密　B.中　C.稀

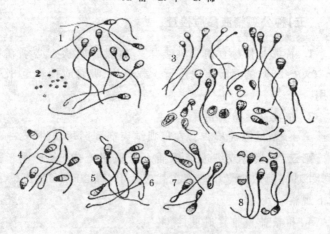

图 3-5　畸形精子示意

1. 正常精子　2. 游离原生质滴　3. 各种畸形精子　4. 头部脱落
5. 附有原生质滴　6. 附有远侧原生质滴　7. 尾部弯曲　8. 顶体脱落

应立即淘汰,并将其交配过的母狐更换精液品质好的公狐及时补配或人工输精。

5. 发现种群精液品质普遍下降时的处理　要及时查明原因,加强饲养管理(补喂奶、蛋、肝等全价蛋白质饲料,补加维生素 A 和维生素 E)。

二、狐人工授精实用技术操作规程

用徒手或器械采集公狐精液,再用器械把精液送入母狐子宫内,以代替自然交配的过程称之为狐人工授精技术。

本规程制定了狐人工授精实用技术的各项规程,适用于狐人工授精全过程。

(一)人工授精的准备工作

1. 人工授精室、器材、药品准备

(1)人工授精室准备　狐人工授精室设采精室、精液处理室和输精室3个室。3室应干净而封闭,窗户要加挂窗帘,防止阳光直射,室间互相隔离。精液处理室与采精室、输精室的隔墙上开设20厘米×40厘米的拉门小窗,以便于传递精液。3室面积应不小于:采精室10平方米、精液处理室10平方米、输精室15平方米。室内温度一般保持在18℃~25℃(图3-6)。

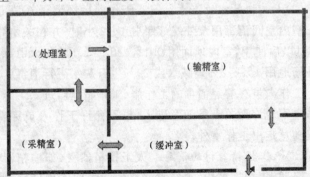

图 3-6　设有缓冲室的狐人工授精室平面图

(采精室、精液处理室、输精室不和外界直接相通)

（2）人工授精室应配备的器材和药品

①采精室应配备　采精保定架、水盆、毛巾、洗涤消毒药品、紫外线消毒灯（每 10 平方米 1 支，40 瓦）。

②精液处理室应配备　无菌操作台或者无菌操作箱、试管、温度计、显微镜、载玻片和盖玻片、滴管、恒温箱、烘干箱、恒温水浴锅及广口保温瓶和洗涤消毒用品、紫外线消毒灯（每 10 平方米 1 支，40 瓦）。

③输精室应配备　阴道扩张器、输精器，医用 5 毫升注射器（用量按总母兽群的 20％准备）。发情检测仪、剪刀、镊子、试管刷、纱布、药棉、温度计、棉签、医用胶布、蒸馏水、紫外线消毒灯（每 10 平方米 1 支，40 瓦）和洗涤、消毒药品等。

2. 人工授精室的卫生及消毒

（1）人工授精室的卫生　人工授精室（采精室、精液处理室、输精室）主要是防止尘埃污染，故应封闭好顶棚，地面至少是水泥抹成，铺垫地面砖或地板革更好，墙壁均应粉刷后使用。室内保持卫生状况良好，空气新鲜。

（2）人工授精室的消毒　三室工作前后都要做好消毒工作。室内空间消毒用紫外线灯照射 1～2 小时，并在关闭灯光 4 小时以后使用，室内地面用 0.1％～0.2％新洁尔灭消毒液、室外场地用 1％～2％烧碱水或 20％生石灰水进行消毒。

工作人员穿着经消毒的工作服、工作帽、鞋，进入工作室，工作室不允许无关人员随意进入，也不允许工作人员穿着工作服随意走出工作室外。

（3）人工授精器材的消毒　人工授精器材（如输精器、阴道扩张器、集精杯等）必须经过严格的消毒后方可使用，使用 1 次消毒 1 次。消毒程序如下：

清水冲洗→洗涤剂刷洗→清水冲洗干净→消毒液浸泡（2

小时)→清水冲洗干净→蒸馏水冲洗 3 遍→120℃烘干(2 小时)

塑料制品(如塑料阴道扩张器)可按上述程序洗刷后,置于 70%酒精中浸泡 1~2 小时,用蒸馏水洗净烘干备用。

3. 人工授精用种狐的准备

(1)人工授精用种狐的选种　注重人工授精用种狐的选种工作,选择纯种和品质优良、繁殖力高的个体作种狐。用于杂交改良的北极狐公狐务必是纯种的。

(2)加强种狐准备配种期饲养　尤其要保证和满足性器官生长发育所必需的全价蛋白质、维生素等营养供给。

(3)调整好种狐的体况　种公狐达中等略偏上体况,母狐达中等略偏下体况。

(4)预防种狐生殖道疾病　12 月份至翌年 1 月份及时注射狐阴道加德纳氏菌病和绿脓杆菌疫苗,事先做好生殖道疾病防疫。

(5)加强种狐尤其是种公狐的驯化和异性刺激　配种期来临前 1 个月,采取公、母狐互换笼舍,通过异性刺激促进狐种群的性兴奋。

(二)人工采精

1. 做好采精前准备　采精前备好外用消毒剂,0.1%~0.2%新洁尔灭消毒液、70%酒精棉球、37℃温水、消毒用毛巾、水盆、采精架、操作台、颈钳、套子、医用胶布、集精杯、记录表等。

室内温度保持 18℃~21℃。准备好采精用种公狐,并事先进行采精训练,了解精液品质,遇有龟头系带粘连的,要及时剪开。

2. 按摩法采精前种公狐消毒 将公狐放在采精架上,保定狐的头部和尾部,使其站立在采精台上。用经 0.1%～0.2%新洁尔灭溶液浸泡的毛巾擦拭采精公狐的腹部和腹股沟部,使毛绒浸湿,以无毛绒和灰尘撒落为准。也可给公狐带上特制的兜布,以防污染精液。

3. 采　精

(1)按摩法采精的操作过程　采精时先按摩公狐睾丸和会阴部,给狐一个采精信号。按摩数秒后,采精者将拇指、食指捏在公狐阴茎两侧,中指捏在阴茎腹面,捏住阴茎中部并沿阴茎纵向撸压和滑动阴茎包皮,对阴茎进行摩擦刺激。

撸压开始时滑动速度要快一些,大约每秒钟 4～5 次,动作幅度 7～8 厘米。撸压 5～7 秒钟后,阴茎勃起,随之阴茎中部的球状海绵体膨大。此时,将阴茎从公狐两后腿之间拉向后方,将包皮撸至球状海绵体后方继续撸压球状海绵体和后部的阴茎,撸压速度减慢,每 10 秒钟撸压 12～13 次,撸压球状海绵体时稍用力些,如此反复撸压按摩(5～7 秒钟或十几秒钟)直至公狐射精为止(彩图 20)。

为提高采精效果,按摩时应配合公狐性反射行为调整撸压按摩频率和力度刺激公狐排精。适度的撸压刺激公狐表现兴奋和舒适,刺激力度不够,公狐无性反射,阴茎勃起速度慢且不坚挺,而刺激力度过强时,公狐有痛感,性反射抑制。

(2)精液的接取收集　在一手按摩公狐阴茎即将开始射精时(公狐自主抖动作停止,尾根部紧张下压),另一手握住集精杯底部(用手掌保温)准备接取精液。

公狐射精时,首先射出的是副性腺分泌物,白色透明尿样,可不接或接取后弃之不用。后射出的是乳白色的精液,要及时接取在集精杯内。

公狐射精过程中仍需对其按摩刺激,整个撸压采精过程大约需几十秒钟,但最多不超过2分钟。

公狐射精结束后待阴茎回缩时将包皮向阴茎头部撸挤使阴茎复原,将精液迅速送往精液处理室内,放在37℃保温瓶或水浴锅内,并做好采精记录。

(3)采精频度　指每周对公狐的采精次数,为了既能最大限度地采集公狐精液,又能维持其健康体况和保证精液品质,必须合理安排采精频度。

公狐每周采精2～3次,如果连续采精2～3天应休息1～2天,不可随意增加采精次数以防精液品质降低和造成公狐利用率降低等不良后果。

(三)精液品质检查

1. 精液品质检查器材准备　应备好恒温水浴锅、广口保温瓶、温度计、电冰箱、电暖器、显微镜、载玻片、盖玻片、擦镜纸、注射器、集精杯、稀释液等。室内温度调整在20℃～25℃,同时做好室内外常规消毒。

2. 精液品质检查内容　精液品质检查内容有精液量、色泽、气味、pH值、精子活力、精子密度、畸形率、精子抗力测定、精子存活时间及适宜精液稀释倍数等项。

(1)精液量检测　狐集精杯上有刻度,可直接读取记录。一般狐每次采精量为0.25～2毫升(不含精清)。

(2)色泽及气味　正常的精液颜色为乳白色、均匀、不透明。气味微腥或无味,颜色和气味异常的精液不能供输精用(彩图21)。颜色发黄为混有尿液、颜色发红混有血液。

(3)精液的pH值检测　用pH值试纸蘸少量精液比色检查。狐精液pH值为6.5,偏酸,如pH值改变,说明精液中混有异物,如尿液、不良稀释液或狐副性腺有病等,不能用作输精。

(4)精子活力检查　简易方法是滴1滴待检的精液于载玻片上,制成精液压片在精液温度35℃～37℃条件下用显微镜观察精子运动情况,精子活力以直线前进运动精子的百分比,分10级评分标准。供输精用精子活力须≥0.7,活力低于0.7不能供输精用(表3-1)。

表 3-1　狐精子活力评定标准

运动	直线前进运动的精子(%)										全部原地摆动	全部旋转	全部死亡
形态	100	90	80	70	60	50	40	30	20	10			
评分	1	0.9	0.8	0.7	0.6	0.5	0.4	0.3	0.2	0.1	摆	旋	死

(5)精子密度检查　精子密度即浓度,指1毫升精液内所含有的精子数,检查目的在于了解精子数量,决定稀释倍数,判定的方法有两种。

一是精液压片估测法(简易方法)。用灭菌玻璃棒取1小滴原精液置于载玻片上,加盖压玻片制成精液压片,在400倍显微镜下观察精子数量,随机观察5个视野的精子数,计算公式:

精子密度=平均每个视野精子数×10^6 个/毫升

狐正常的精子密度,一般为每毫升精液含精子7亿～8亿个,个别优良个体可达每毫升精液含精子13亿个。精子密度≤0.5亿个/毫升时不能提供输精用。

另一种方法是利用血细胞计数法,此方法操作繁琐,花费时间长但准确性高(本文略去)。

(6)畸形精子检查　畸形精子是形态异常的精子。畸形精子多、精液品质低,受胎率就低。

畸形精子有巨形、短小、双头、双尾、头尾残缺、无尾、互相粘连及带有原生质颗粒等(图3-5)。

检查时,先做精液涂片,自然干燥,96%酒精或5%甲醛溶液固定3~5分钟,用蒸馏水冲洗阴干,用伊红、美蓝、龙胆紫、红墨水等染色3~5分钟,蒸馏水冲洗,干燥后镜检,显微镜倍数不低于600倍,检查精子不低于500个。

畸形精子率(%)=(畸形精子数/计算精子总数)×100

在小于20%时一般不计,狐精子畸形率在2.5%~11%之间,畸形率超过20%的精液不能供输精用。

(7)精子抗力测定 有条件的场还有必要进行精子抗力测定(本文略去)。

(四)精液的稀释保存

1. 精液稀释

(1)精液稀释液 目前,多数场家均采购由大专院校或科研单位所生产的稀释液,有条件的场也可自行配制稀释液,配方如下:

配方一 3.8%柠檬酸钠。

柠檬酸钠	3.8克
青霉素	1 000 单位/毫升
链霉素	1 000 微克/毫升
蒸馏水	100 毫升

配方二 IVT(芬兰)。

葡萄糖	0.3克
柠檬酸钠	2克
碳酸氢钠	0.21克
氯化钠	0.04克

青霉素	1 000 单位/毫升
链霉素	1 000 微克/毫升
卵黄	10 毫升
蒸馏水	100 毫升

(2)精液稀释液的检查 精液稀释液每批次都必须在使用前进行保存精子活力的检查。如精液稀释后 3 小时内,精子活力≥0.7(在 30℃～37℃检查)则稀释液的质量达到标准。不符合标准的必须废弃。不同个体公狐的精子对稀释液的适应性有差别,故应多做几只观察。

(3)稀释液的保管 稀释液应保管于 4℃～5℃冰箱中,当天用多少吸取多少,并加温预热,当天剩余的稀释液弃去不用。

(4)精液稀释的适宜倍数确定 按精液密度、活力和畸形精子率的检测结果计算出每毫升原精液中有效精子数量,再按稀释后的精液应含有的有效精子数(7 000 个万个/毫升)计算出稀释倍数(图 3-7)。

图 3-7 稀释后的精子密度 (×400 倍)

稀释倍数＝每毫升原精液中有效精子数/输精时每毫升

稀释精液中所要求的精子数

(5)精液稀释的操作　事先把精液稀释液移至试管内,并置于盛有 35℃～37℃ 的广口保温瓶或水浴锅内保存备用。稀释时先按适宜稀释倍数准确量取所需的稀释液,再将稀释液沿集精杯壁缓慢加入到精液中,轻轻摇匀,严禁稀释液快速冲入精液和剧烈震荡(图 3-8)。

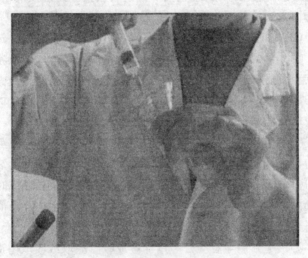

图 3-8　精液稀释的操作

2. 稀释精液的保存　稀释后的狐精液适于 25℃～35℃ 条件下保存,保存时间不超过 3 小时。低温保存、冷冻保存技术尚不成熟(本文略去)。

(五)人工输精

1. 输精的器材准备　输精前应备好输精器、阴道扩张器、注射器、70%酒精棉球或新洁尔灭溶液等准备工作。室内温度应保持在 18℃～25℃,同时按常规搞好室内外的消毒工作。

所用输精器材如输精器、阴道扩张器等经事先严密消毒备用,使用时一狐一份。用后再统一消毒处理。所用5毫升注射器最好为医用无菌一次性注射器。

2. 做好母狐发情鉴定和疫病检查

(1)发情鉴定和疫病检查的要求 为提高母狐受胎率和杜绝疫病传播,给母狐输精前必须进行发情鉴定和疫病检查,凡发情未到输精时机和有生殖道疾病的不予输精。

(2)发情鉴定方法和适宜输精时间的确定

①外阴观察和试情法 外阴部逐渐肿胀、潮红、分泌物增多,用手触摸硬肿缺少弹性为发情前期。肿胀程度达最大并刚开始减退、用手触摸开始变软而有弹性时为发情期,此时经试情母狐温驯地接受公狐爬跨则为输精适宜时机。

②发情检测仪检测法 母狐发情时用发情检测仪测定动情母狐阴道电阻值,电阻值逐渐增高至峰值时为发情前期,达峰值后电阻值明显下降时为发情期。最佳输精时间的选择:蓝狐为电阻峰值下降第二日。银狐为电阻峰值下降当天。

③阴道细胞学检查法 用棉签或吸管蘸取或吸取阴道分泌物制成涂片,在 $200\sim400$ 倍显微镜下观察,圆形白细胞逐渐减少,角化细胞逐渐增多为发情前期;角化细胞占满视野,无圆形白细胞,为发情期即适宜输精期;角化细胞减少,圆形白细胞又出现增多时为发情后期。

3. 人工输精(子宫内输精)操作 输精时两人配合操作:一人保定狐狸,一人输精。

(1)母狐的保定消毒 保定人员用保定钳保定母狐,一手握住母狐尾部使尾朝上,用 $0.1\%\sim0.2\%$ 新洁尔灭消毒液消毒外阴部及其周围部分。

（2）输精操作

第一，先将阴道扩张器插入母狐阴道内，其前端抵达子宫颈；左手虎口部托于母狐下腹部，以拇指、中指和食指摸到阴道扩张器的前端。

第二，以左手拇指、食指、中指固定子宫颈位置，右手握持输精器末端通过阴道扩张器内腔插入，前端抵子宫颈处调整输精器的位置探寻子宫颈口。

第三，左手、右手配合将输精器前端轻轻插入子宫体内1～2厘米，固定不动。由助手将吸有精液的注射器插接在输精器上，推动注射器把精液缓慢地注入子宫内。输精技术熟练者，也可事先将吸有精液的注射器插接在输精器上，由输精者直接将精液输入（彩图22，图3-9）。

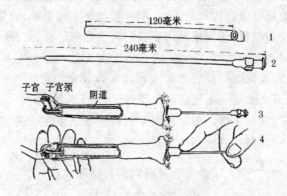

图3-9 狐子宫内输精

1. 阴道插管　2. 输精器

3. 输精针插到子宫颈　4. 输精针插入子宫颈口内

第四，向注射器内吸取精液时，应注意注射器的温度与精液温度一致，缓慢吸取至固定的刻度时，可再吸入少许空气，以保证输精时将所有精液输入子宫内，以防残留在输精针管内,造成浪费。

第五,输精后轻轻拉出输精器。如果输精手法得当,母狐生殖道无畸形,则输精过程中母狐表现安静。

第六,输入精液量为 0.7 毫升左右,精子活力≥0.7,输入有效精子不少于 7 000 万个。

第七,输精次数,一般连续输精 2～3 次,每日 1 次。初次输精误为假发情时,待发情后再输 2～3 次。

(3)输精效果判定 ①拉出输精器时手感觉有点阻力。②拉出输精器时无血液。③拉出输精器时精液不倒流。④镜检输精器内残留精液,精子活力不低于 0.7。

4. 人工输精结束后工作

(1)清洁消毒 一个批次的人工授精器材(如上、下午、一日),输精结束后按规程 1～3 项立即清理室内卫生、清洗消毒人工授精器材,室内地面用新洁尔灭消毒液消毒、紫外线消毒 1～2 小时。

(2)整理工作 每日人工授精工作结束后整理好输精记录,做好下批次人工授精准备工作。

(3)归档工作 每年狐人工授精工作结束后,所有有关记录、技术资料要进行归档和存档,以备查询。

(六)加强人工授精后母狐的饲养管理

1. 加强母狐妊娠期、产仔哺乳期饲养管理 做好妊娠保胎和产仔保活以及疾病防治工作,确保人工授精母狐的繁殖效果。

2. 依据人工授精繁殖效果,改进完善人工授精技术

第一,依据种狐人工授精繁殖效果及幼狐后裔鉴定,确认种公狐、种母狐的种用价值,淘汰繁殖能力低和遗传性能不良的种狐,为翌年繁殖周期,奠定良好种源基础。

第二,依据不同时期(阶段)人工授精繁殖效果所存在的差异和生殖道疾病发生情况,结合相应时期(阶段)人工授精记录对比分析,确切找出所存在的疏漏和问题,改进和完善翌年周期的人工授精技术。

三、狐妊娠保胎技术规程

(一)狐妊娠生理特点及阶段划分

1. 狐妊娠生理特点

(1)妊娠天数 狐配种后卵子受精至胎儿分娩为妊娠期。狐妊娠期天数狐属 50～61 日、北极狐属 50～58 日,平均为 51～52 日。

(2)狐妊娠期依受精卵和胎儿发育分为 3 个阶段 卵子受精后经 5～6 次分裂形成桑葚胚并继而形成胚泡的阶段,一般为 6～8 日;胚泡附植至胎盘、胎膜、胚胎形成约 20 日;胚胎迅速发育至胎儿成熟的阶段,通常为 30 日左右。

2. 妊娠期阶段划分 依据狐胚泡和胎儿生长发育特点,饲养上把狐妊娠期划分为妊娠前期和妊娠后期。

(1)妊娠前期 妊娠的前 1 个月为妊娠前期,胚胎发育速度很慢,母狐对营养需要并不明显增加。

(2)妊娠后期 妊娠 1 个月后至母狐分娩为妊娠后期,是胎儿迅速发育的时期,母狐对营养需要明显增加。此期除供给母体自身营养需求外,还应保证胎儿生长发育和为产后哺乳所需贮备的营养。因此,是全年各生产时期中最为重要的阶段。妊娠后期可见母狐腹围明显向两侧扩展(银狐)并下垂

(北极狐)(彩图23)。

(二)妊娠期饲养技术要点

1. 饲料品质要新鲜　妊娠母狐对饲料品质的新鲜程度要求很严,品质失鲜的饲料容易引起母狐胃肠炎和毒害胎儿,继而造成妊娠中断或流产。

(1)动物性饲料　动物性饲料必须有可靠的来源,且经卫生检疫确认为无疾病隐患和无污染的产品。

①含有激素类的动物产品,如通过激素化学去势育肥的畜禽,带有甲状腺素的气管、性器官、胎盘等饲料,不能饲喂妊娠母狐。②脂肪已出现氧化变质的饲料,不能饲喂妊娠母狐。③冷藏时间超过半年的动物性饲料,不能饲喂妊娠母狐。④含有毒素的鱼等动物性饲料,不能饲喂妊娠母狐。

(2)谷物类饲料　①谷物饲料潮结、发霉被真菌污染时,不能用来饲喂妊娠母狐。②谷物饲料熟制不彻底的,不能用来饲喂妊娠母狐。

(3)蔬菜类饲料　①蔬菜类饲料腐烂、堆积发热时,不能用来饲喂妊娠母狐。②蔬菜类饲料被农药等污染时,不能用来饲喂妊娠母狐。

(4)添加剂类饲料　①维生素类、微量元素类添加剂饲料过期变质不能用来饲喂妊娠母狐。②非毛皮动物专用添加剂饲料,最好不要用于妊娠母狐。

2. 营养价值要完全

(1)保证全价蛋白质饲料的补给　恒温动物的瘦肉,鲜血、心、肝,奶类,蛋类均为全价蛋白质饲料,应占日粮动物性饲料的20%～30%。

(2)保障必需脂肪酸的供给　必需脂肪酸只在植物油中

含有，妊娠母狐日粮应少量添加植物油以补充必需脂肪酸（5 克/只·日）。

（3）维生素、矿物质、微量元素饲料补给　应按妊娠期营养需要保质、保量补给，注意贮存、加工过程勿受破坏。

3. 适口性要强

第一，要保证妊娠期主要饲料种类的稳定供给，不要中途突然改变饲料的种类。

第二，注意饲料贮存、加工中不要沾染其他异味。

4. 数量要适当　妊娠期要视母狐个体妊娠状态和体况而分配饲料量，以保证控制妊娠母狐的适宜体况。妊娠前期保持中等体况，妊娠后期逐渐提高，在临产前达中上等体况，但千万勿使体况过肥。

（三）妊娠期管理技术要点

1. 营造安静的环境条件　妊娠母狐喜静厌惊，要确保安静的环境条件，避免突发噪声对妊娠母狐的不良刺激。

2. 保证清洁饮水的供给　妊娠母狐饮水量增加，要保证清洁饮水的供给，饮水盒定期洗刷消毒。

3. 做好母狐产仔前产箱絮草工作　母狐产仔前产箱保温絮草是产仔保活的重要工作，必须认真进行，不容忽视。

（1）保温垫草晾晒消毒　保温垫草应因地制宜选用较柔韧不易碎的干草，置于阳光直射处晾晒消毒，质地粗硬的稻草还应用打稻机击打或用车轮碾压软化。

（2）笼箱消毒　产仔母狐的笼箱，狐属狐在 3 月中旬、北极狐属狐在 4 月中旬要进行 1 次大消毒，产箱、笼网最好用喷灯火焰消毒（彩图 24），也可用环保消毒剂消毒（彩图 25）。

（3）产箱絮草　产箱絮草最好采取铁丝网压草的方法（彩

图 26），即将垫草先铺在产室内约 5 厘米厚，在垫草上方压上一片铁丝网，让母狐直接在网片上产仔。

直接往产箱絮草时，要把草先抖落成互相交错的薄片状，成片压入箱中，箱底和四角的草要压实，四边的草弯压在产箱内，便于母狐在中间空隙处整理做窝。

四、狐产仔保活技术规程

（一）产仔保活的原则

产仔保活必须采取综合性技术措施，确保仔狐存活的必备条件。

1. 仔狐存活所必须同时具备的条件

（1）初生仔狐健康，生命力强　初生仔狐体重正常，体重低于 50 克的弱仔狐难以成活，体重超过 120 克的仔狐也会在娩出时发生窒息而死亡。

初生仔狐健康无疾患，才会有正常生命力，患红爪病、脓疱症等疾患时，生命力明显降低。

初生仔狐胎毛干燥后，体温升高时才具备吮乳能力。母狐的护理和舔舐会提高仔狐的生命力。

（2）产仔母狐具良好母性　仔狐需在母狐护理下才能生存，母狐要具有良好母性。

母狐母性和健康与泌乳有关，患病母狐或无奶、缺奶母狐将丧失正常的母性。母狐突遇噪声、惊吓等不良刺激也会丧失母性。

（3）母狐乳汁充盈　母乳是仔狐 3 周龄前惟一的食物，母乳缺乏会严重影响仔狐的生长发育，甚至会饿死仔狐（彩图 27）。

（4）适宜的产箱温度　仔狐初生时，产箱内温度宜温暖，35℃仔狐活力最强，20℃以上时，活力正常，低于20℃活力下降，12℃时即假死呈僵蛰状态。仔狐3周龄以后由于采食饲料和运动增强，产箱内温度宜凉爽，应打开产箱上盖加强通风，有利于防止产箱内温度过高。

（5）安静的环境　产仔期宜保持环境安静，突发的噪声刺激或其他动物窜入场内，均易造成母狐惊恐，会出现弃仔、咬仔、吃仔的现象。

2. 产仔保活必须采取综合性技术措施　上述仔狐存活所必需的条件是缺一不可的。因此，必须采取综合性技术措施，确保这些条件，才能达到产仔保活的目的。

（二）产仔保活技术措施

1. 产仔值班　产仔值班的任务是：及时发现母狐产仔并做好标记和记录，给产仔母狐添加饮水，救活落地仔狐，处理难产母狐。

2. 产仔检查

（1）首次检查　首次检查需在产仔母狐排出了食胎衣、胎盘的油黑色粪便后进行，检查目的主要是了解母、仔狐健康状况，仔狐吮乳和母狐泌乳情况。仔狐鼻镜蹭得发亮，鼻镜周边胎毛上沾染灰尘是其已吮乳的迹象。如果身体温暖、腹部饱满（彩图28），则为吃上初乳迹象；如身体发凉、腹部瘦瘪则为没吃上初乳或没吃饱初乳的迹象。此时应进一步检查母狐乳头发育和泌乳情况（彩图29）。

（2）重复检查　重复检查根据"听"（听仔狐叫声）、"看"（看母狐行为）情况，在发生异常时及时进行，或为了查明仔狐生长发育状况，每隔7～10日定期进行。复检主要目的仍是察看母狐健康、泌乳和仔狐健康、生长发育情况。

3. 代　养

(1)代养的原因　仔狐失去了母狐的照顾或母狐生病、无奶、缺奶,其仔狐非代养出去难以成活时,要及时代养。

(2)代养母狐的条件　代养母狐与被代养母狐产期相近,初生仔狐代养时不宜超过 3 天时间,代养母狐母性强,奶水丰盈,自身产仔数较少。

(3)代养的方法　代养的方法有两种:一是让代养母狐自己叼入被代养仔狐;二是把被代养仔狐混入代养母狐的仔狐窝内。两种方法成功率都高,但代养母狐叼入法更能直接观察到代养是否成功(彩图 30)。

(4)代养时的注意事项

第一,代养时动作要快而轻,勿使代养母狐受到惊恐刺激。

第二,注意勿使被代养仔狐沾染较强烈的异味,代养前用代养母狐窝中或笼下垫草搓擦被代养仔狐身体,不必过多往其身体上涂擦代养母狐的粪尿。

4. 仔狐补饲

(1)时间　仔狐 3 周龄会采食饲料时开始补饲,一直补饲至 60 日龄,分窝前母、仔狐同补,分窝后幼狐单补(彩图 31)。

(2)方法　每日中午补饲 1 次,由营养丰富、易于消化饲料所组成的粥状饲料。饲料量以同窝仔狐数多少和生长发育情况分配。补饲可明显提高仔狐断奶重量和分窝后生长发育速度。

5. 适时分窝

(1)条件　仔狐具备体温恒定调节的功能和独立采食饲料的生存能力时,应适时断奶分窝。分窝后幼狐体重不应出现明显下降(彩图 32)。

(2)日龄　原则上仔狐分窝应达 40～45 日龄,过早分窝影响幼狐生长发育,过晚分窝不利于母狐产后恢复。母狐体况和母性较好时,应尽量在仔狐 40～45 日龄时分窝,如母狐已很消瘦(授乳症),母性亦变得不良时,可适当提前在仔狐30 日龄以内时分窝,并注意要给分窝仔狐的小室添加保温垫草。

(3)方法　事先做好仔狐分窝所需要的笼舍,并经消毒处理,小室内铺垫少许干草备用。

同窝仔狐生长发育较均匀者,宜一次性全部断奶分出;同窝仔狐生长发育不均匀时,可先将强壮个体分出,弱小个体留给母狐再护理一段时间后分出,但最晚不要超过 60 日龄。

第四章　狐种群选育技术标准化

一、狐选种技术规程

(一)狐选种适宜时期及各期的选择标准

1. 狐选种的过程

(1)初选(窝选)　年中的首次选种,一般在母狐断奶、仔狐分窝时,狐属狐在 5 月下旬、北极狐属狐在 6 月下旬进行。

第一,初选主要以当年繁殖成绩选择老母狐,以仔狐生长情况及其祖先品质来选择幼狐。

第二,初选时留种数应比年终计划留种数多余 30% 左右,以备复选和终选时有淘汰余地。

(2)复　　选

第一,年中第二次选种,必须在秋分时节(9 月下旬至 10 月上旬)内抓紧进行。

第二,主要以初选种狐秋季换毛情况来进行选种,又称观毛选种。优选换毛时间早和换毛速度快的个体作种,淘汰换毛时间推迟和换毛速度缓慢的个体。要求老、幼种狐的夏毛完全转换成秋毛(彩图 33),只允许老母狐背部有少许夏毛转换成秋毛。

第三,留种量应较终选计划留种数多余 10% 左右,如预留种狐中淘汰个体较多,可从商品群中挑选优良者补充。

第四,复选时对老种狐的要求要比幼狐更严格。

(3)终　选

第一,年中第三次即最后一次选种称终选。一般在毛皮成熟后(11月下旬)取皮前进行。

第二,终选以种狐的毛皮品质和健康情况为主要条件。

第三,终选应结合初选、复选情况综合进行,严格把握终选标准,宁缺毋滥。

2. 种狐选择的各项性状

(1)体型和体质　种狐体型是个体生长发育情况的具体标志,一般种公狐应优选体格修长的大体型者,而母狐宜优选体格修长的中等体型者,过大体格的母狐并不适宜留种。体质应视种类不同而相应选择,如银黑狐、狐属彩狐、地产北极狐等体质紧凑,宜选体质紧凑略疏松者留种;而芬兰原种纯繁狐、改良狐等体质疏松,因此应优选体质疏松、皮肤松弛者留种。

(2)毛绒品质　这是种狐选种的最重要性状,不论哪种类型均要求具有该类型的毛色和毛质的优良特征。毛质要求绒毛丰厚、针毛灵活,分布均匀,且针、绒毛长度比较适宜(绒毛宜厚、针毛宜短平);毛被光泽性强;无弯曲、勾针等瑕疵。影响银黑狐毛绒品质的因素较多,彩狐对色型、毛色要求较严,选种工作更要严格。

(3)出生日期　仔狐出生日期与其翌年性成熟早晚直接相关。因此,宜优选出生和换毛早的个体留种。

(4)外生殖器官形态　外生殖器官形态异常者(如大小异常、位置异常、方向异常等)不宜留种。

(5)食欲和健康　食欲是健康的重要标志,优选食欲旺盛的健康个体留种,患过病尤其是患过生殖系统疾病的个体不宜留种。

3. 种狐品质鉴定的方法

(1)个体鉴定　即对个体性状的表型直接鉴定。适用于遗传力比较高的各种性状,如体型、毛色、毛质、抗病力等,但不适用于遗传力低且受环境因素影响较大的性状(如繁殖力等性状)的直接鉴定。

(2)家系鉴定　又称同胞鉴定,即对每个家系(同胞和半同胞群体)的表型平均值的鉴定。适用于遗传能力较低(如繁殖力)等性状的选择。这在初选(窝选)时有重要作用。

(3)系谱鉴定　即根据祖代和后裔的品质、性能比较对亲代性状进行鉴定,也称后裔鉴定。优选后裔性状优良的亲代继续作种用,尤其对芬兰原种、原种纯繁公狐的选种意义更大。

4. 狐的选种标准

狐的选种标准详见表 4-1,表 4-2。

表 4-1　成年狐选种标准

项　目		初　选	复　选	终　选
公狐	初配(采精)时间	银狐 2 月 10 日前、蓝狐 3 月 10 日前	—	—
	交配母狐数(只)、采精次数	>4、20 次以上	—	—
	精液品质	优	—	—
	与配母狐产仔率(%)	>85	—	—
	与配母狐胎产仔(只)	银狐≥5,蓝狐≥8	—	—
	秋季换毛时间	—	9 月中旬	—
	秋季换毛速度	—	快	—
	毛绒品质	—	优	优
	体　况	—	中上	中上
	健康状况	优	优	优
	后裔鉴定	优	优	优
	年　龄	1~3	—	—

项　目		初　选	复　选	终　选
母狐	初配日期	银狐 2 月 20 日前、蓝狐 3 月 20 日前		
	复配次数（次）	1～2		
	产仔日期	银狐 4 月 10 日前、蓝狐 5 月 20 日前		
	胎产仔数（只）	银黑狐≥5,北极狐≥8		
	仔狐初生重（克）	≥80		
	仔狐成活率（%）	≥90		
	母　性	好		
	泌乳力	优		
	秋季换毛时间	—	9 月中旬	—
	秋季换毛速度	—	快	—
	毛皮品质	—	优	优
	体　况	中	中上	中上
	健康状况	优	优	优
	后裔鉴定	优	优	优
	年　龄	1～3	—	—

表 4-2　幼狐选种标准

项　目		初　选	复　选	终　选
公狐	出生时期	银黑狐 4 月上旬前,北极狐 5 月上旬前,芬兰狐、改良北极狐 5 月中旬前	—	—
	同窝仔狐数（只）	银黑狐≥5 北极狐≥8	—	—
	断奶体重（克）	≥750	—	—
	秋分时体重（克）	—	银黑狐≥5000 芬兰狐≥10000 地产狐≥5500	—
	秋分时体长（厘米）	—	银黑狐≥60 芬兰狐≥70 地产狐≥55	—
	秋季换毛时间	—	9 月中旬	—
	秋季换毛速度	—	快	—
	毛绒品质	—	优	优
	毛皮成熟	—	—	完全成熟
	体　况	中上	中上	中上
	健康状况	优	优	优
	12 月份体重（克）	—	—	银黑狐≥6500 芬兰狐≥12000 地产狐≥7000
	12 月份体长（厘米）	—	—	银黑狐≥65 芬兰狐≥75 地产狐≥60

续表 4-2

项 目		初 选	复 选	终 选
母狐	出生时期	5 月中旬前	—	—
	同窝仔狐数(只)	银黑狐≥5 北极狐≥8	—	—
	断奶体重(克)	≥750	—	—
	秋分时体重(克)	—	银黑狐≥4500 芬兰狐 7000～8000 改良狐≥7500 地产狐≥4500	—
	秋分时体长(厘米)	—	银黑狐≥60 芬兰狐≥65 改良狐≥60 地产狐≥55	—
	秋季换毛时间	—	9 月中旬	—
	秋季换毛速度	—	快	—
	毛绒品质	—	优	优
	毛皮成熟	—	—	完全成熟
	体 况	中上	中上	中上
	健康状况	优	优	优
	12 月份体重(克)	—	—	银黑狐≥6000 芬兰狐 8000～9000 改良狐 8000 地产狐≥5500

5. 狐选种注意事项

(1)综合选种　选种是常年应注重的工作,3次选种应分阶段重点进行,终选要综合初、复选进行。

(2)种群合理年龄构成　种群适宜年龄构成是确保高繁殖力和高遗传力的基础,应尽量增加老种狐的比例,成年种狐和年幼种狐比例以 7:3～6:4 为宜。成年狐超过 3 周岁时繁殖力一般都要下降,故 4 周岁以上老种狐应严格选留。

(3)严格掌握选种标准　选择种狐必须严格把握选种标准,尤其老种狐要严于年幼种狐,不符合留种标准的个体,一律严格淘汰,不能滥竽充数。

(二)狐选种的等级标准

狐选种的等级公狐需达一级以上,母狐需达二级以上。公种狐品质一定要优于母种狐。

彩狐选种也适宜上述标准,但繁殖力性状较低,彩狐特别强调毛色要纯正,所选种狐群毛色差异不悬殊,应在同一色差分级内。

二、种狐选配规则

狐选种是通过表型性状的选择,优选有优良遗传基因的个体。而选配是通过公、母之间的配偶选择,使优良遗传基因得以巩固和发挥的过程。选配是选种工作的继续,是繁育过程中重要的技术环节。选配工作应遵循如下技术规则。

(一)选配的概念与意义

第一,选配是为了获得优良后代而选择和确定个体种狐间交配关系的过程。

第二,选配是选种工作的继续,目的是为了在后代中巩固、提高双亲的优良品质,获得新的有益性状。选配得当与否对繁殖力和后代品质有重要影响,是育种工作必不可少的重要环节。

(二)选配的原则

1. 品质选配

(1)同质选配　选择具有相同优良性状的个体交配,以期在后代中巩固和提高双亲所具有的优良特征。同质选配中要注重遗传力强的性状,且公狐要优于母狐。常用于纯种繁育及核心群的选育提高。

(2)异质选配　选择具有不同优良性状的个体交配,以期后代中用一方亲本优点去改良另一方亲本的缺点,或者结合双亲的优良性状,创造新的优良类型。常用于杂交选育中。

2. 亲缘选配

(1)远亲选配　指祖系 3 代内无亲缘关系的个体选配,也称远血缘选配。是一般繁殖过程中所要求尽量做到的选配。

(2)近亲选配　指祖系 3 代内有亲缘关系的个体选配,是在育种过程中有目的地进行。一般生产群中应尽量杜绝近亲选配。

3. 年龄选配　不同年龄的个体选配,对后代的遗传性有影响,一般老龄个体间选配,老、幼龄个体间选配更优于幼龄个体间的选配。

4. 体格选配　体格选配公狐体格要大于母狐体格,且宜大配大、大配中、中配大、中配小,不宜大配小和小配小。

5. 色型选配

第一,除同色型选配会因基因纯合胚胎致死的色型外,其余色型宜同色型选配。同色型选配后裔中不出现毛色分离现象,有利于生产色型一致的批量狐皮产品。

第二,北极狐中蓝色北极狐宜同色型同质选配,而白色北极狐宜与蓝色北极狐异质选配。

第三,显性基因纯合胚胎致死的色型不宜同色型同质选配。

三、种狐繁育规程

种狐繁育、选育是重要的育种过程,是不断提高种群品质和产品质量的长远大计。

(一)纯种繁育

纯种繁育是在种狐主要遗传性状的基因型相同,表现型大部分相同的种狐群中,进行同类型自繁,并逐年选优去劣,选育提高的过程。

1. 尽量采用同质选配 通过同质选配巩固提高有益遗传性状的遗传能力。

2. 尽量采用远血缘选配 尽量减少近亲交配,以防近亲交配给生产繁殖及各项性能所带来的退化和危害。

3. 严格选种 对自繁后代要严格选种,选优去劣,一般淘汰率不应低于 40%。

4. 采用品系、品族繁育 品系是指以 1 只优秀的公狐个体为系祖,采取远亲或近亲繁殖所获得的一群优秀后代;品族是以 1 只优秀母狐为族祖所扩繁的一群优秀后代。品系、品族形成后,不同品系、品族间再进行自群繁殖,这样不仅可避免近亲交配,还可以起到选育提高的良好作用。

(二)杂交繁育

杂交繁育是指采用2个(或2个以上)具有不同遗传类型或不同优良性状的种狐群相交,旨在获得杂交优势或新类型的繁育过程。

1. 改良杂交 引进优良种群对原有种群进行杂交改良称为改良杂交。

第一,引入的优良种群必须是纯种。

第二,必须采用级进杂交的方式:

第一年　良种狐×原有狐
↓
子一代(含良种遗传性50%)

第二年　良种狐×子一代
↓
子二代(含良种遗传性75%)

第三年　良种狐×子二代
↓
子三代(含良种遗传性87.5%)

第四年　良种狐×子三代
↓
子四代(含良种遗传性93.75%)

第三,级进杂交中注意远血缘选配。

第四,杂交后代要严格选种,选优去劣。

第五,杂交子3代之前公狐不作种用。

第六,子4代后可开展横交固定。

2. 不同类型种狐间的杂交

(1)适用于显性遗传基因且基因纯合胚胎致死的类型　显性遗传基因且纯合胚胎致死的狐类型,狐属狐中有白金狐(bbW^p w)、白脸狐(bbWw),北极狐属狐中有影狐(Ss)等。

例：影狐　×　影狐　　　　影狐　×　蓝狐
　　(Ss)　↓　(Ss)　　　　(Ss)　↓　(ss)
　　SS ＋ Ss ＋ ss　　　　　Ss　　　ss
　　(致死)(影狐)(蓝狐)　　　(影狐) ＋ (蓝狐)

显性遗传基因且纯合胚胎致死的彩狐,不宜同色型选配,同色狐选配少得 1/3 的仔狐。异色型选配不减少产仔数,也同样获得显性基因的后代。

(2)适用于狐属狐与北极狐属狐属间杂交

例：银黑狐　×　北极狐　　　例：银黑狐　×　影狐
　　(bb)　↓　(ss)　　　　　 (bb)　↓　(Ss)
　　　　　bs　　　　　　　　　Sb ＋ sb
　　银蓝杂交狐　　　　　　类似金岛狐　银蓝杂交狐
　　(彩图 34)　　　　　　　 (彩图 35)

(三)育种核心群繁育

以选育为目的,把种群中最优良的个体集中在一起所组成的优良种狐群被称为育种核心群。加强育种核心群的繁育,可始终保持其优良地位,是更适于中、小型养狐户育种的好而简便的方式。

1. 育种核心群的构成　由全场中遗传性状最优秀的个体组成,选育过程中严格选优去劣,生产群中发现个别优良个体也可随时向核心群中补充。

2. 远血缘选配　核心群自群繁殖已属同质选配和纯种繁

殖,但应注意尽量远血缘选配。

3. 向非育种群输出种狐　核心群品质高于一般商品狐生产群,精选剩余的种狐,品质仍高于生产群,可移入生产群作种狐用。

4. 注重核心群选育提高　核心群要不断选育提高,要及时发现某些性状的缺陷和不足,注意核心群中新出现的有益性状并进行选育提高。

第五章　狐饲养技术标准化

狐饲养是生产过程中的日常基础工作,主要涉及饲料、饲料加工、日粮配合和饲喂等过程。狐饲养技术的标准化是整个标准化生产的重要内容。

一、常用饲料及利用规则

(一)常用饲料

狐常用饲料主要是动物性饲料,配合使用植物性饲料和添加剂饲料,其分类见表5-1。

表5-1　饲料的分类及种类

分　类		饲料种类
动物性饲料	鱼类饲料	各种海鱼和淡水鱼
	肉类饲料	各种家畜、家禽和其他来源动物肉
	鱼、肉副产品饲料	水产加工副产品(鱼头、鱼骨架、内脏及下脚料等),畜、禽、兔副产品(内脏、头、蹄、骨、架、血等),软体动物和虾类
	干动物饲料	肉粉、肉骨粉、羽毛粉、肝渣、血粉、干鱼、鱼粉、蚕蛹粉、干蚕蛹、干蛤肉等
	奶类及蛋类饲料	牛奶、羊奶、鸡蛋、鸭蛋、毛蛋、照蛋等

分　类		饲料种类
植物性饲料	作物籽实类饲料、籽实加工副产品饲料	玉米、大麦、小麦、大豆等
		大豆饼、亚麻籽饼、向日葵饼、麦麸、米糠等
	果蔬类饲料	次等水果、各种蔬菜和野菜等
添加剂饲料	维生素饲料	麦芽、鱼肝油、棉籽油、维生素 E、维生素 B_1、维生素 B_2、维生素 C 等多种维生素制剂
	矿物质饲料	骨粉、石灰石粉、白垩粉、食盐及微量元素混合剂等
	生物制剂	益生素、消化酶等
全价干配合饲料		全价配合料、浓缩料、预混料等

(二)常用饲料利用规则

1. 动物性蛋白质饲料利用规则　动物性饲料是狐日粮中的主料,利用时要遵循如下规则。

第一,动物性蛋白质饲料品质一定要新鲜,腐烂变质和脂肪酸败氧化的动物性饲料不能用来饲喂狐。

第二,来源可靠经兽医部门检疫合格的优质动物性饲料生喂为好,其适口性强、消化率高,熟喂会降低其营养价值和消化率。

第三,轻度失鲜的动物性饲料,经蒸煮消毒等无害化处理后可在非繁殖期饲喂,但在繁殖期禁止饲喂。

第四,废弃的动物性饲料要采取焚烧或深埋等无害化处理,不得给环境造成污染。

2. 各种动物性饲料的利用规则

(1)肉及肉类副产品饲料利用规则 肉及肉类部分副产品(心、肝、脾、肾、血)是优质的全价蛋白质饲料,多在繁殖期少量利用,来源可靠、品质新鲜者宜生喂,否则应熟喂。

(2)海产鱼类及鱼类副产品的利用规则 海产鱼类宜多种类搭配利用,有利于提高蛋白质的生物学价值,品质新鲜者宜生喂,否则应熟喂。海产鱼类中有毒鱼类(如河豚、马面豚等)、含有组胺的鱼类(属青皮红肉类,如鲐鱼、鲅鱼等)不能利用;含脂肪高的鱼类(如带鱼、青鱼等)不宜单独利用;体表黏液较多的鱼类(如白鱼等)应将黏液洗净后利用,否则会导致呕吐现象;内脏过大的鱼类(如安康鱼等)应摘除内脏后利用,否则适口性不强。海杂鱼是较廉价的动物性蛋白质饲料,在动物性饲料中的比例一般可占30%～50%。

鱼类副产品以鱼头、鱼排(鱼骨架)利用较多,品质新鲜的宜生喂,反之应熟喂。因鱼排、鱼头含骨质较多,蛋白质含量比全鱼低,所以日粮中动物性饲料不能100%利用鱼副产品,适宜比例应占动物性饲料的30%左右,淡水鱼类及其副产品必须熟喂。

(3)禽类及禽类副产品饲料的利用规则 禽及禽类副产品质量新鲜,经检疫无病原疾患的宜生喂,但一般情况下均应熟喂,以严防疫病发生。禽副产品中肝脏营养价值较高,一般在繁殖期中作为精补饲料利用;鸡背、鸭背、鸡脖类骨质较高,可占日粮中动物性饲料比例的30%～50%;鸡皮、鸡尾含脂肪很高,一般只在冬毛生长期肥育时利用。

(4)奶类、酵母的利用规则 奶类、酵母均是全价蛋白质精补饲料。奶类在繁殖期,酵母常年可作为精补饲料利用。奶类饲料必须煮沸消毒后利用,熟酵母可直接利用,生(鲜)酵母必须熟制灭活酵母菌后利用。

(5)蛋类的利用规则　鸡蛋、鸭蛋是优质的全价动物性饲料,一般在繁殖期内作精补饲料利用,毛蛋、照蛋可在非繁殖期利用,但应确保品质新鲜。所有蛋类必须煮熟以后利用。

3. 植物性饲料的利用规则

第一,植物性饲料的品质必须新鲜、不霉变、无杂质、无有害物质(如农药等)污染。

第二,植物性饲料主要指谷物籽实、豆类饼粕、糠麸类和蔬菜、鲜果类。其中谷物籽实、饼粕类必须加工成细粉状,并彻底熟制后利用。

第三,植物性饲料是日粮中的辅料,必须依照不同生产时期的日粮标准与动物性饲料合理搭配利用。

第四,植物性饲料宜多种类按适宜比例搭配利用,可提高适口性和营养价值。

第五,各种植物性饲料的利用规则。

①作物籽实类利用规则　作物籽实类常用的是玉米、小麦等,以磨成细粉熟制后利用,利用比例可占谷物饲料的 $50\%\sim100\%$。熟制方法以膨化最好,蒸、煮亦可。

②豆科籽实及其饼粕类利用规则　加工、利用方法同作物籽实类,但利用比例最多占谷物类饲料的 30%,喂得过多会引起狐腹泻和消化不良。黄豆含蛋白质、脂肪较高,可制成豆汁利用。

③糠、麸类粗饲料利用规则　糠、麸类更应粉碎成细粉,拌匀在谷物饲料中利用,利用率较低,一般不超过谷物性饲料的 10%。

④果蔬类青绿饲料利用规则　果蔬类饲料以叶菜类,块根、块茎类利用较多,叶菜和水果类生喂为宜,块根、块茎则生、

熟喂均可。果蔬类利用量比较低,一般仅占狐日粮的5%~10%。

4. 添加剂饲料利用规则

第一,添加剂饲料用量很少,但营养作用很大,需采购质量可靠、含量准确并在保质期内的合格产品。

第二,添加剂饲料一般不耐光、热,应妥善保管和严格按使用要求加工利用。

第三,添加剂饲料利用时一定要称量准确,临喂前添加在混合饲料中,并要搅拌均匀。

第四,注意添加剂饲料的理化特性及与其他饲料的拮抗关系,避免因拮抗饲料的存在而使添加剂饲料失去作用。

第五,添加剂饲料中的益生素属活菌生态制剂,利用时要注意饲料温度不超过40℃,以防活菌被灭活。

5. 干配合饲料利用规则

(1)干配合饲料的含义　一是根据动物不同生理特点及不同生产时期营养需要制定的科学配方作为依据;二是将多种饲料原料优化组合,符合科学的配方标准;三是通过专业设备和工艺加工,达到充分混匀一致的商品饲料;四是通过使用,证明可充分满足动物营养需要、降低饲养成本、发挥动物生产效能,达到优质、高效的要求。

(2)利用干配合饲料的优越性　一是充分有效利用各种饲料资源;二是充分保证饲料产量和质量;三是提高劳动生产效率,降低饲养成本;四是发挥动物生产效能,尤其是提高毛皮动物干物质采食量,促进生长、提高毛皮质量;五是有利于卫生防疫,减少疾病发生。

(3)配合饲料的种类

①全价配合料　含有蛋白质、能量、矿物质、维生素等动物

所需要的全部营养成分,可直接饲喂动物。

②浓缩蛋白质饲料　又称蛋白补充料,以蛋白质饲料为主,配合部分添加剂预混料,能量饲料由使用者按适当比例自行添加。可大幅度降低贮存、运输的成本。

③添加剂预混料　单一或复合的微量、超微量营养物质(如维生素、微量元素等)加入稀释剂和载体,经机械充分混匀的混合物即为添加剂预混料。用量很小,但营养作用很高。

④代乳料　又称人工乳,主要用于哺乳期促进母狐泌乳,仔狐开食后促进生长发育,也可用于幼狐断奶初期。

⑤根据饲养对象划分　不同种类动物有不同成分的干配合料;同种动物不同生产时期亦有不同配方的配合料。

(4)狐利用干配合饲料的原则

第一,宜干、鲜饲料混合搭配。这是因为狐肠管较短,食物通过消化道时间较快的原因。干、鲜饲料混合搭配有利于提高适口性和干饲料的消化利用率。

第二,利用正规可靠生产厂家的合格产品。

第三,干(浸水后)、鲜饲料搭配比例视不同生产时期而定,一般繁殖期 3～5∶7～5,非繁殖期 5～7∶5～3。

第四,干配合饲料利用时,必须按说明书要求事先加水充分浸泡,浸泡时间夏季为 0.5 小时,冬季 1 小时左右,不宜时间过长。干配合料加水的比例为 2～3 倍量,不宜加水过多使混合饲料过稀。

(5)干鲜饲料混合搭配饲料单的计算

第一,先确定不同生产时期日粮饲喂量,如幼狐育成期每只每日 1 000 克。

第二,再确定浸水后干配合料占日粮的百分比,如 70%。

第三,计算浸水后干配合饲料的数量,则:

$1000 \times 70\% = 700(克)$

第四,再确定干配合饲料原料的净用量,假如干配合料加水量为 2 倍,则:

干配料净用量 $= 700 \times 1/3(0.33) = 231(克)$

(6)干配合饲料品质鉴别

①感官鉴别 即通过眼观、手摸、鼻闻、嘴尝等方法感官鉴别。质量好的干配料颜色鲜明、无霉变、用手捻摸质地细软、颗粒均匀,鼻闻有自然饲料鲜香气味、人工添加的香料味不浓,口尝细腻无异味。添水稀释时不过黏稠,料和水混合均匀,水、料不很快分层,水面无漂浮物,用火烧灼无明显鸡毛烧焦味。

②化学检验法 将干配料样品送饲料检测化验部门检验。

③饲喂试验比较法 选一批体重相近的幼狐分成几组,每组各喂一个厂家的干配料,干鲜搭配比例和饲喂量相同,饲喂 2～3 周后再次称量各组幼狐体重,比较各组幼狐日增重。

日增重 $=$(饲喂后体重－饲喂前体重)/饲喂天数

日增重多且成本较低的试验组所喂的干配料即为优选料。

(7)干配合饲料保管 干配合饲料要妥善保管,防霉、防潮、防虫、防鼠害。

(8)按要求利用干配合饲料 不同生产时期的干配合饲料不宜串用代用;利用干配合饲料时,必须满足动物充分饮水需要。

二、日粮拟定规则

日粮是每只狐 1 日的饲料构成,各种饲料原料通过合理搭配,共同组成日粮。科学的拟定日粮是饲养标准化的具体表现。狐日粮拟定必须遵循以下规则。

(一)日粮拟定的原则

第一,要重视狐属食肉性动物的重要生理特点,日粮拟定必须以动物性蛋白质饲料为主,并保证日粮全价性。

第二,要注意狐全年不同生产时期营养需要的差别,在保证其维持需要的前提下,更要满足其生产的营养需要。

第三,充分利用当地饲料资源,力争多品种混合搭配,以保证日粮的适口性及混合饲料的营养价值。同时,应科学合理地降低饲养成本。

第四,拟定日粮时,要注意各种饲料理化性质,避免营养物质之间的相互拮抗或破坏作用。

第五,拟定新生产时期日粮时,还需考虑前期日粮营养水平、狐群体况、健康状况、性别组成等情况。

第六,新日粮拟定后要注意观察饲喂效果,遇有问题时及时加以修正。

(二)日粮拟定的方法

1. 热量配比拟定方法

第一,热量配比法拟定日粮,是以狐所需代谢能或总能为依据,搭配的饲料以发热量为计算单位,混合饲料所组成的日粮其能量和能量构成达到规定的饲养标准。

第二,对没有热量价值的饲料或热量价值很低的饲料(如添加剂和维生素饲料、微量元素、矿物质饲料、水等)可忽略不计算其热量,以千克体重或日粮所需计算。

第三,为满足狐对可消化蛋白质的需要,要核算蛋白质的数量,经调整使蛋白质含量满足要求。必要时也应计算脂肪和碳水化合物的含量,使之与蛋白质形成适宜的蛋能比。为了掌握蛋白质的全价性,对限制性氨基酸的含量也应计算调整。

第四,具体计算时可先算1份代谢能,即418.68千焦(100千卡)中各种饲料的相应重量,再按照总代谢能(或总能)的份数求出每只狐每日的各种饲料供给量,并核算可消化营养物质是否符合狐该生产时期的营养需要;最后算出全群狐对各种饲料的需要量及其早、晚饲喂分配量,提出加工调制要求,供饲料室遵照执行。

2. 重量配比法拟定狐日粮

第一,根据狐所处饲养时期和营养需要先确定1只狐1日应提供的混合饲料总量。

第二,结合本场饲料确定各种饲料所占重量百分比及其具体数量;核算可消化蛋白质的含量,必要时需核算脂肪和碳水化合物的含量及能量,使日粮满足营养需要的要求。

第三,最后提出全群狐的各种饲料需要量及早、晚饲喂分配量,提出加工调制要求。

三、狐营养需要及日粮配合经验标准

国内对狐营养需要研究尚不透彻,目前仅有国家林业局发布的"蓝狐饲养技术规程"的行业标准(LY/T 1290—2005)中有相关内容。我国地域很广,各地地理、气候、饲料资源、管理方式各异,也很难做出一个适用于全国范围应用的准确标准。本书仅根据国内饲养狐的经验资料,而归纳成下述经验标准,同时将林业局行业标准中相关内容、芬兰北极狐饲养标准同时列出,以便于借鉴采用。

(一)国内现行狐经验饲养标准

国内现行养狐经验的饲养标准见表 5-2,表 5-3。

表 5-2　狐经验饲养标准(热量比)

饲养时期	代谢能(千焦)	热量比(%)				
		肉副产品、鱼类	蛋、奶	谷物类	果蔬类	其　他
银　黑　狐						
6～8 月份	2.1～2.3	40～50	5	30～40	3	2
9～10 月份	2.3～2.4	45～60	5	45～30	3	2
11 月～翌年 1 月份	2.4～2.5	50～60	5	40～30	3	2
配种期	2.1	60～65	5～7	25	3～4	3～4
妊娠前期	2.3～2.5	50	10	34	3	3
妊娠后期	2.9～3.1	50	10	34	3	3
哺乳期	2.1*	45	15	34	3	3
北　极　狐						
6～9 月份	2.5	55	—	30～40	5	—
10～12 月份	2.9	60	—	30	8	2
1～2 月份	2.9	65	5	21	5	4
配种期	2.5	65	5	18	5	2
妊娠前期	2.9～3.1	65	5	23	3	2
妊娠后期	3.4～3.6	65	10	20	3	2
哺乳期	2.7*	55	13	25	5	2

* 母狐基础标准根据胎产仔数和仔狐日龄逐渐增加

表 5-3 狐的经验饲养标准 （重量比，%）

饲养时期	代谢能（千焦）	日粮量（克）	粗蛋白质（克）	鱼、肉副产品	蛋、奶	谷　物	蔬　菜	水
准备配种	2.2～2.3	540～550	60～63	50～52	5～6	18～20	5～8	13～15
配种期	2.1～2.2	500	60～65	57～60	6～8	17～18	5～6	10～12
妊娠期	2.2～2.3	530	65～70	52～55	8～10	15～17	5～6	10～12
产仔哺乳	2.7～2.9	620～800	73～75	53～55	8～10	18～12	5～6	12～14

添加饲料(克／只·日)

酵　母	食　盐	骨　粉	添加剂	维生素 B_1（毫克）	维生素 C（毫克）	维生素 E（毫克）	鱼肝油（单位）	脑（克）
7	1.5	5	1.5	2	20	20	1500	5
6	1.5	5	1.5	3	25	25	1800	—
8	1.5	8～12	1.5	5	35	25	2000	—
8	2.5	5	2	5	30	30	2000	—

（表 5-2，表 5-3 参照朴厚坤《实用养狐技术》.2005）

(二)国家林业局行业标准

现将国家林业局行业标准摘录如下。

1. 幼狐生长期日代谢能、粗蛋白质需要量 见表 5-4。

表 5-4 幼狐生长期日代谢能、粗蛋白质需要量

周　龄	体　重（千克）	日代谢能需要（千焦）	每千克体重需要（千焦）	日粗蛋白质需要量（克）
7～11	1.5～2.4	1.88～3.11	1.25～1.30	40.4～60.9
11～15	2.4～3.5	3.11～4.16	1.30～1.19	60.9～80.1
15～19	3.5～5.0	4.16～4.87	1.19～0.79	80.1～100.6
19～23	5.0～7.3	4.87～5.09	0.79～0.70	100.6～102.4

2. 成年狐日代谢能需要量 见表5-5。

表5-5 成年狐日代谢能需要量

月 份	母 狐			公 狐		
	活体重（千克）	日代谢能需要量（千焦）		活体重（千克）	日代谢能需要量千焦	
		每只	千克体重		每只	千克体重
1～2	7.84	4.05	0.517	11.08	4.64	0.419
3～4	7.69	4.42	0.551	10.64	4.71	0.442
5～7		4.32		10.01	4.07	0.407
7～8	7.25	3.68	0.508	9.55	4.03	0.422
9～10	7.77	3.94	0.512	10.83	4.88	0.451
11～12	8.02	4.11	0.512	11.12	4.92	0.442

3. 幼狐对维生素的需要量 见表5-6。

表5-6 幼狐对维生素、钙、磷的需要量

营养成分	需 要 量
维生素 A(单位)	2440
维生素 D(单位)	240
维生素 B_1(毫克)	1.0
维生素 B_2(毫克)	3.7
泛酸(毫克)	7.4
维生素 B_6(毫克)	1.8
叶酸(毫克)	0.2
烟酸(毫克)	9.6
钙(ca)(％)	0.6
磷(p)(％)	0.6

(三)芬兰北极狐饲养标准

1. 芬兰北极狐饲料的能量构成 芬兰北极狐饲养标准

见表 5-7。

表 5-7　芬兰北极狐饲料的能量构成和蛋白质水平

可吸收能量平均值	12至翌年4月份	5～6月份	7～8月份	9～11月份
鲜配料（千卡/千克）	1200	1350	1570	1850
干物质（千卡/千克）	<4000	>4000	4200	4200
可吸收能量分布				
蛋白质（%）	40～50	38～45	30～40	25～35
脂肪（%）	32～40	37～45	42～50	45～55
碳水化合物（%）	15～20	15～20	18～25	16～25
各时期生产比例（%）	10	10	29	51

（资料来源于丛守文《芬兰养狐技术画册》）

2. 芬兰北极狐混合饲料的原料组成及营养水平

（1）芬兰北极狐混合饲料的原料组成　芬兰狐混合饲料的原料组成见图 5-1。

RAW MATERIAL USE IN 2000
芬兰北极狐混合饲料的原料组成（重量比）

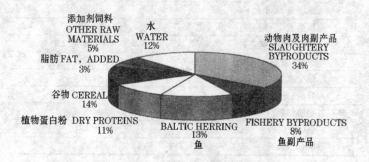

添加剂饲料 OTHER RAW MATERIALS 5%
脂肪 FAT，ADDED 3%
水 WATER 12%
动物肉及肉副产品 SLAUGHTERY BYPRODUCTS 34%
谷物 CEREAL 14%
植物蛋白粉 DRY PROTEINS 11%
BALTIC HERRING 13% 鱼
FISHERY BYPRODUCTS 8% 鱼副产品

图 5-1　芬兰北极狐混合饲料的原料组成

（2）芬兰北极狐混合饲料及其干物质能量水平　芬兰北极狐混合饲料及其干物质能量水平见图 5-2。

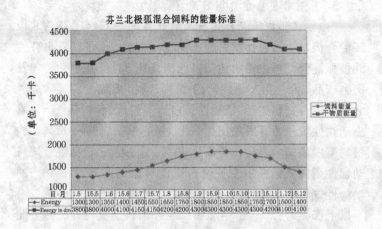

芬兰北极狐混合饲料的能量标准

（单位：千卡）

日·月	1.5	15.5	1.6	15.6	1.7	15.7	1.8	15.8	1.9	15.9	1.10	15.10	1.11	15.11	1.12	15.12
Energy	1300	1300	1350	1400	1450	1550	1650	1750	1800	1850	1850	1850	1750	1700	1500	1400
Energy in dm	3800	3800	4000	4100	4150	4150	4200	4200	4300	4300	4300	4300	4300	4200	4100	4100

饲料能量
干物质能量

图 5-2 芬兰北极狐混合饲料的能量标准

（3）芬兰北极狐混合饲料干物质浓度及干物质中蛋白质含量水平 芬兰北极狐混合饲料干物质浓度及干物质中蛋白质含量见图 5-3。

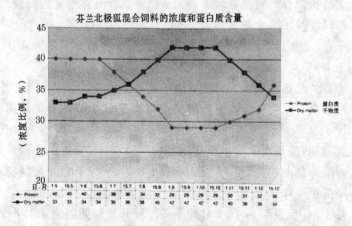

芬兰北极狐混合饲料的浓度和蛋白质含量

（浓度比例，%）

日·月	1.5	15.5	1.6	15.6	1.7	15.7	1.8	15.8	1.9	15.9	1.10	15.10	1.11	15.11	1.12	15.12
Protein	40	40	40	40	39	36	35	33	29	29	29	29	30	31	32	36
Dry matter	33	33	34	34	35	36	38	42	42	42	42	42	40	38	36	34

Protein 蛋白质
Dry matter 干物质

图 5-3 芬兰北极狐混合饲料的浓度和蛋白质含量

3. 芬兰北极狐混合饲料的营养特点

（1）芬兰北极狐混合饲料原料组成的特点　①芬兰北极狐混合饲料中动物性饲料的比例高。从图 5-1 可以看出芬兰北极狐混合饲料中动物性饲料比例高达 58%（其中动物肉及肉副产品 34%、鱼及鱼副产品 21%、动物脂肪 3%）。②芬兰北极狐混合饲料中动、植物性蛋白质饲料比例高，从图 5-1 看出动物性蛋白质饲料比例达 58%、植物性蛋白粉占 11%，动、植物蛋白质饲料合计比例高达 69%。③芬兰北极狐混合饲料动物性蛋白质饲料中全价蛋白质饲料比例亦高。在 58% 的动物性饲料中，动物肉及肉副产品全价蛋白质饲料比例占一半以上（58.6%）。④芬兰北极狐混合饲料全价性好。芬兰北极狐混合饲料除上述全价蛋白质饲料比例高外，还添加 5% 的由各种维生素、矿物质、微量元素、防腐剂、黏合剂等组成的添加剂饲料，因此各种营养元素齐全平衡、全价性好。

（2）芬兰北极狐混合饲料能量水平的变化特点　①芬兰北极狐混合饲料能量水平高。从图 5-2 看出芬兰北极狐混合饲料能量水平全年平均为 1 600 千卡/千克（最低 1 300 千卡/千克、最高 1 850 千卡/千克），干物质能量水平全年均为 4 100 千卡/千克，（最低 3 800 千卡/千克、最高 4 300 千卡/千克）。②芬兰北极狐混合饲料能量水平的季节性变化。从图 5-2 还可看出：芬兰北极狐混合饲料能量水平呈季节性变化规律，10 月 1 日（秋分以后）至 12 月 15 日（冬至以前，即冬毛生长成熟期）能量水平呈由全年最高（1 850 千卡/千克混合饲料）逐渐降低的趋势，至 12 月 15 日（1 400 千卡/千克混合饲料）降低至全年最低水平。降低率占全年最高值的 29.6%。12 月 15 日至翌年 5 月 15 日即准备配种和繁殖期间能量水平保持在相对低稳的水平（1 400 千卡/千克混合饲料至 1 300 千卡/千克混合饲料)。

(3)芬兰北极狐混合饲料浓度(干物质含量)水平变化特点 ①芬兰北极狐混合饲料浓度高。芬兰北极狐混合饲料中加水量很少(12%,图5-1),呈黏稠的泥膏状,其干物质含量高,全年平均为36%,最低33%,最高42%。②芬兰北极狐混合饲料浓度的季节性变化。从图5-3看出:从5月1日(产仔期开始)至9月1日(幼狐育成前期)期间,混合饲料浓度由最低(33%)向最高(42%)逐渐增加,9月1日至10月15日期间保持最高水平,10月15日至12月15日(冬毛成熟期间)由最高水平(42%)急剧降低至34%。12月15日以后至翌年5月15日期间(准备配种和繁殖期)保持低稳水平(34%~33%)。

(4)芬兰北极狐混合饲料蛋白质水平变化特点 ①芬兰北极狐混合饲料蛋白质水平高。从图5-3看出混合饲料蛋白质水平全年平均为34%,最低29%,最高40%。②芬兰狐混合饲料蛋白质水平的季节性变化。12月15日(冬毛成熟期)至翌年5月1日(产仔期开始)蛋白质水平由36%逐渐升高至全年最高40%的水平,5月1日至6月15日(产仔哺乳期间)保持全年最高水平,7月1日以后至10月15日期间(幼狐育成前期)逐渐降低至全年最低水平29%。10月15日以后至12月15日期间(冬毛成熟期)蛋白质水平又从最低29%逐渐上升至36%的水平。

4.芬兰北极狐混合饲料营养水平季节性变化的互作效应

(1)10月15日至12月15日期间(冬毛生长期)的互作效应 此期间混合饲料的蛋白质水平呈上升趋势,由29%增加至36%,而能量干物质水平呈下降趋势,能量由1 850千卡/

千克混合饲料下降至 1 400 千卡/千克混合饲料,干物质由 42%下降至 34%。这种低能量高蛋白质水平的组合,促进了冬毛的生长和成熟,因而才生产出毛绒丰厚的高质量皮张。

(2)12 月 15 日至翌年 5 月 15 日期间(准备配种和繁殖期)的互作效应　此期间混合饲料的蛋白质水平仍呈上升趋势,由 36%升高至 40%的全年最高水平,而能量和干物质含量分别保持在 1 400 千卡/千克混合饲料和 34%的低稳水平,这有利于调节种狐的繁殖体况,促进性器官发育和满足妊娠期胎儿生长发育的需要。

(3)6 月 15 日至 10 月 15 日期间(幼狐育成前期)的互作效应　此期间混合饲料中蛋白质水平由最高(40%)下降至最低(29%),而能量和干物质含量由低水平升至全年最高值,即能量由 1 400 千卡/千克混合饲料(6 月 15 日)升至 1 850 千卡/千克混合饲料(9 月 15 日至 10 月 15 日)。这种较低蛋白质水平,高能量、高浓度的营养组合,能增加幼狐采食干物质和蛋白质、能量的数量,既促进幼狐的生长发育,又因蛋白质水平下调而大幅度降低饲料成本。

(4)综述　芬兰北极狐混合饲料营养水平通过全年不同生物学时期的变化而交互作用,其互作的结果体现了其饲养的科学性,即以相对低廉的饲料成本,获取优良的产品质量,从而提高总体经济效益。

四、饲料加工与调制规则

(一)饲料加工的准备程序

第一,严格检查饲料加工用品、器械的卫生和安全性能,遇有异常情况及时维修处理。

第二,严格检查各种原料的质量,剔除个别质量不合格原料,遇有多量饲料质量有问题时,应及时请示主管技术人员或场领导处理,不能盲目进行加工调制。

第三,严格按饲料单所规定的数量检量过秤准备各种原料。

(二)饲料加工程序

按前述"狐常用饲料及利用规则"要求分生喂、熟喂两类饲料分别加工,为调制做好准备。

第一,生喂饲料冷冻的要事先缓化,充分洗涤干净,拣出饲料中的杂质,特别是铁丝、铁钉等金属废品,以防损坏绞肉机。

第二,洗净和经挑选的生喂饲料置容器中摊开放置备用,严禁在容器内堆积存放,以防腐败变质。

第三,熟喂的饲料按规程要求进行熟制加工,不论采取哪种熟制方法(膨化、蒸、煮、炒等)必须达到熟制彻底。熟制方法以膨化效果最佳,其次是蒸、煮,炒的效果不太好。

第四,熟制后的热饲料要及时摊开散热,严禁积堆闷热存放,以防腐坏变质或引起饲料发酵。

第五,冷凉后的熟喂饲料装在容器中备用,注意不能和生喂饲料混在一起存放。

第六,熟喂饲料必须在单独的加工间内存放加工,未经熟制的生料不能存放在饲料调制间内,以防污染。

(三)饲料调制程序

饲料调制是指把各种饲料原料调制成混合饲料的加工工

序,在专用的饲料调制间内完成。

1. 饲料的绞制 一是饲料绞制时间一般在饲喂前 1 小时开始,不宜过早进行;二是饲料绞制的顺序一般先绞动物性饲料,然后绞谷物和果蔬类饲料,也可先混合在一起铰制;三是饲料类别不同要求绞碎的细度也不相同,动物性饲料不宜绞得太碎(铰肉机箅孔=10 毫米),而植物性饲料添加的精补饲料(肝、蛋、精肉等)则应绞碎一些(绞肉机箅孔=5 毫米),以便在混合饲料中便于混合均匀,更有利于动物消化吸收;四是绞制时以均匀速度搅拌,发挥绞肉机的有效功率。

2. 饲料搅拌程序 饲料搅拌的目的是将绞碎的饲料原料充分混合搅拌均匀,使每只狐所食混合饲料能均匀一致。

第一,用机械和人力将绞碎的饲料搅拌均匀,添加剂饲料可同时加入混合饲料中搅拌,混合饲料多时也可先搅拌于少许饲料中混匀,然后再加在整个混合饲料中搅匀。中、大型养狐场提倡用机械搅匀饲料。

第二,搅拌饲料时加入水的量也一定按饲料单规定量称量准确,不允许随意添加。如遇混合饲料太稠或太稀时,及时请示技术人员或场领导予以调整。

(四)饲料分发程序

第一,混合饲料搅拌均匀之后,应尽快分发到各饲养员,尽量缩短分发时间。

第二,饲料分发时,严格按饲料分配单规定数量,检量过秤如数分发。不允许按饲养员要求随意增减饲料分发量。

第三,分发饲料如有少许剩余,均摊给每个饲养员,以免造成浪费。如剩余较多,则向技术人员反映,及时予以调整。

(五)加工调制后的整理程序

一是饲料加工、调制的所有器具和调制室地面均要洗刷干净;二是饲料加工机械及时清洗、检查,遇有异常情况及时检查维修;三是水源、电源、火源的安全要认真检查,严防水、电、火患发生。

(六)个人卫生和人身安全

饲料加工人员要养成良好的个人卫生习惯和人身安全观念,严防人身事故的出现。

第六章　狐各生产时期饲养
管理技术规程

一、狐生产时期的划分

(一)狐生产时期与日照周期的密切关系

狐生产时期与日照周期关系密切,依照日照周期变化而变化。狐年生产周期起始于秋分,秋分至冬至是日照时间的渐短期,冬至时白昼时间最短。冬至后白昼时间转为逐渐增加,但至春分前白昼时间均短于黑夜,故秋分至冬至这半年时间被称为短日照阶段。狐在短日照阶段主要生理变化是夏季毛被转换成冬季毛被、冬毛生长和成熟,性器官生长发育至成熟并发情和交配。这些生理功能均需短日照制约,被称为短日照生理效应。春分过后日照时间升至白昼长于黑夜,直至秋分为止,故这半年时间被称为长日照阶段。狐在此阶段主要生理功能是脱冬毛换夏毛,母狐妊娠和产仔哺乳,仔狐分窝、幼狐生长和种狐恢复。称之为长日照效应(图6-1)。

狐的生产时期严格依照日照周期,因此要为狐创造良好的自然光照环境条件。首先饲养狐必须在适宜地理纬度(北纬35°以北)内,同时饲养的局部环境和管理行为不要与自然光照变化有相悖之处。如饲养场内不能有人工照明、植树不能过密、短日照阶段不宜把狐从光照低的地方向光照强的地方移动,长日照阶段尤其是母狐妊娠期和产仔哺乳期,不宜把

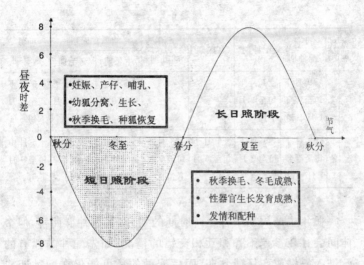

图 6-1　狐生产时期与日照周期的密切关系

狐由光照强的地方向光照低的地方移动。

(二)狐各生产时期的具体划分

狐各生产时期的具体划分见表 6-1。

表 6-1　狐各生产时期的划分

狐别	性别	准备配种期	配种期	妊娠期	产仔哺乳期	幼狐育成期		种狐恢复期
						生长期	冬毛期	
北极狐	♂	9月下旬至翌年2月下旬	2月下旬至4月上旬	—	—	6月中旬至9月下旬	9月下旬至12月下旬	4月中旬至9月下旬
	♀	9月下旬至翌年2月下旬	2月下旬至4月上旬	3月上旬至6月上旬	4月下旬至7月中旬	6月中旬至9月下旬	9月下旬至12月下旬	6月下旬至9月下旬

狐别	性别	准备配种期	配种期	妊娠期	产仔哺乳期	幼狐育成期		种狐恢复期
						生长期	冬毛期	
银黑狐	♂	9月下旬至翌年1月下旬	1月下旬至3月下旬	—	—	5月上旬至9月下旬	9月下旬至12月下旬	3月下旬至9月下旬
	♀	9月下旬至翌年1月下旬	1月下旬至3月下旬	1月下旬至5月下旬	3月下旬至5月下旬	5月上旬至9月下旬	9月下旬至12月下旬	5月中旬至9月下旬

狐年生产周期中各生产时期的划分,系指种群而言,但个体间会存在参差不齐和互相交错的情况,如先配种的狐有的已进入妊娠或产仔哺乳期,而后配种的狐可能仍在配种期或妊娠期(北极狐差别更明显)。本时期划分考虑了狐群体大多数个体所处的生产时期,因此对整个狐群的绝大多数个体饲养管理有利。

狐各生产时期划分不是截然独立的,前后时期有互相依赖的关系。全年各生产时期均重要,前一时期的管理失利会对后一时期带来不利影响,任何一个时期的管理失误都会给全年生产带来不可逆转的损失。但相对来讲繁殖期(准备配种期至产仔哺乳期)更重要一些,其中尤以妊娠期更为重要,是全年生产周期中最重要的管理阶段。

二、准备配种期饲养管理规程

第一,准备配种期饲养管理的任务。准备配种期时间近半年之久,饲养管理主要任务是促进种狐冬毛迅速成熟和性器官发育,调整好种狐体况,为繁殖奠定良好的基础。

　　第二,饲养上要满足种狐冬毛成熟和性器官生长发育的营养需要。为配合调整体况,日粮要求高蛋白质和较低能量水平,保证全价蛋白质饲料和繁殖维生素的补给(详见第五章日粮配合标准)。

　　第三,种狐体况调整分两个阶段进行。秋分(9月下旬)至冬至(12月下旬)之间,种狐体况应中等偏上;12月下旬至翌年2月下旬,种狐体况应下降至中等水平(图6-2),母狐要中等略偏下,公狐中等略偏上。种狐的适宜体重指数(体重克数/体长厘米数)为100。体长系指鼻尖至尾根的垂直距离,称量时要准确无误。

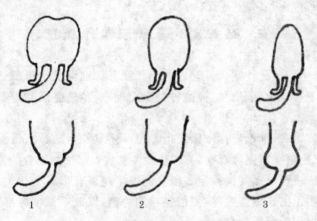

图6-2　种狐体况示意图　(上:侧位,下:正位)
1. 肥胖　2. 适中　3. 瘦弱

　　第四,光照强度。秋分至冬至期间种狐可降低光照强度(养在北侧光照较低的笼舍),禁止一切人为照明。而冬至以后种狐宜增加光照强度(养在南侧光照充足的笼舍),或保持原位置不移动。

第五,加强对种公狐的异性刺激。配种开始前的1～2周内,通过公、母狐异性刺激,促进狐群性兴奋。简便的方法是公、母狐互换笼舍穿插排列,或将公、母狐放出几只在场内自由运动(彩图36)。每隔3～5日向日粮中加入少许葱、蒜类有辛辣气味的饲料,也有刺激发情的作用。葱、蒜类饲料不宜多喂,每只每日超过30克会引起中毒,也不宜天天都喂。

第六,做好配种期的各项准备工作。主要是配种工作计划、种狐选配计划、人员技术培训和所需物品、药品准备等。

准备配种期饲养管理很重要,但往往被养狐者忽视。配种来临前才被重视的做法是不可取的。

三、配种期饲养管理工作规程

第一,配种期饲养管理的工作任务。确保发情母狐适时受配,保证交配质量,提高种公狐交配率、精液品质和母狐受胎率。

第二,准确进行母狐发情鉴定。采取外生殖器官目测检查、阴道细胞图像观察,测情仪检测和放对试情相结合的方法准确进行母狐发情鉴定。以目测外生殖器官形态变化为主,以阴道细胞图像观察、测情仪检测为辅,以放对试情为准,准确把握种母狐的交配时机。

第二,准确观察种狐交配行为、确保交配质量。认真观察公、母狐的交配行为,确认母狐真受配。交配时间短不易确认时,应辅以显微镜检查精子来确认。对择偶性强的母狐,应多更换公狐及时受配。正常饲养条件下,母狐受配率应不低于95%。

第四,精液品质检查及淘汰不育公狐。配种开始后必须对公狐进行精液品质普遍检查,严格淘汰精液品质不良的公狐。配种期间注意检查公狐群精液品质的变化,遇有精液品质普遍下降,应及时查明原因,加强饲养管理。

第五,合理利用种公狐,确保精液品质。尽量减少公狐的交配频度,连续交配2~3日次时,必须休息1日,整个配种期内都要培训幼公狐学会配种,提高公狐利用率,正常饲养情况下公狐利用率应不低于90%。

第六,提高放对配种的效率,保证种公狐的休息。事先做好翌日种狐的选配计划,优先放对复配母狐,抓紧在清晨和傍晚凉爽时间放对,提高工作效率,保证种公狐有充足时间休息。

第七,监控种狐体况。配种期公狐体能消耗较大,体况易于急剧下降,应增喂精补饲料,或于中午单独补饲,或将精补饲料加入晚食饲喂。母狐体况在配种期间仍要保持配种前的中等水平,千万不要使母狐体况在配种期间急剧上升。

第八,杜绝和减少事故发生。配种期要随时注意检查笼门和小室门,防止跑狐现象;严防错抓、错放或漏放的现象;注意配种中对公、母狐的观察和护理,严防种狐被咬伤、咬死;饲养人员也要注意自身安全,防止被种狐咬伤。

第九,配种后期跑狐催情。配种末期可将尚未发情的母狐集中放在一处混群合养催情1~3日,也可放入几只公狐,催情效果更好(彩图37)。

第十,做好记录和资料整理。配种期要及时、认真做好各项记录,配种期结束后,要将原始记录资料进行整理并存档保存。

四、妊娠期饲养管理规程

第一,妊娠期饲养管理的重要意义。妊娠期是指交配后至产仔前、胚胎生长发育的整个时期,是全年饲养管理的最重要阶段。妊娠期如同农作物的保墒期,一旦饲养管理失误,所造成的损失是母狐胚胎的群体损失,而非个体损失,因此是决定种狐繁殖成绩的最关键的生产时期。

第二,妊娠期工作任务。满足母狐和胎儿营养需要,调整好母狐体况,以期生产健壮仔狐并为母狐产后泌乳创造良好的营养条件。

第三,妊娠期的日粮。妊娠期日粮要求做到饲料品质鲜、营养价值全、适口性强、数量适当,具体日粮标准见"狐日粮配合标准"。

第四,适时增加日粮量。母狐妊娠 1 个月以后才能视种母狐妊娠和体况情况适当增加日粮量和营养水平,不宜过早。日粮量的增加主要是精补饲料的补给。

第五,适当控制体况。母狐妊娠期体况控制仍不能忽视,妊娠前期仍应保持配种期的中等或中等略偏下的体况,妊娠后期至产仔前升到中等或中等略偏上的体况,千万不要在产仔前升至上等体况。

第六,严防疾病发生。妊娠母狐抵抗力降低,易发各种疾病,要以预防为主严防疾病发生,一旦出现疾病情况,要及时对症治疗,同时应用黄体酮药物保胎。遇有肠管疾病发生时,要及时查明原因并调整饲料。

第七,保持环境安静。妊娠母狐胆小易惊,妊娠期要谢绝参观,饲养员要定群管理,减少噪声干扰,保持环境安静。

第八,产前产箱消毒和添加保温垫草。按预产期提前1～2周对笼、箱、棚舍进行消毒,并加垫清洁、干燥、柔软的保温垫草,让母狐熟悉和习惯窝室环境,自行整理做窝。临产前还要检查母狐做窝情况,遇有做窝不好或被母狐粪、尿脏污时,还需重新絮草。

第九,保证充足清洁的饮水。

第十,做好产仔期产仔保活的各项准备工作。

五、产仔哺乳期饲养管理规程

第一,产仔哺乳期工作任务。产仔哺乳期主要饲养管理任务是给仔狐创造正常成活所必需的环境条件(正常的母性、充盈的乳汁、适宜的窝温、健康的身体和安静的环境),尽最大努力进行产仔保活。

第二,按产仔保活技术规程(第三章),认真做好产仔保活工作。

第三,产仔母狐的饲养。母狐产仔后不再控制其日粮量,保证产仔母狐吃饱吃好。日粮标准可持续妊娠期或略高于妊娠期水平。适当增加脂肪和催乳饲料(精肉、奶、蛋、肝等)有助于母狐增加泌乳并提高乳汁质量。添加剂饲料(维生素、矿物质、微量元素等)应考虑到仔狐的需要,按妊娠期量加倍供给。

第四,促进母狐泌乳并提高乳汁品质。母狐产仔哺乳期饲养关键是注意母狐泌乳和仔狐生长发育情况,遇有大群仔狐生长发育滞后、母狐泌乳量不足时,要赶紧查找原因,改善饲养管理。

第五,及时清理产窝垫草,保持产窝卫生。仔狐在3周龄后开始采食饲料,母狐不再为其舔食粪便,因此产箱内会变得潮湿污秽,应注意产窝内的卫生,勤换垫草。天气较暖地区,也可在仔狐采食饲料后,关闭产窝的出入口,母、仔狐一起隔离在笼舍内。

第六,哺乳后期注意母仔关系的行为变化。产仔哺乳的前、中期母仔关系非常融洽,而哺乳后期,由于母乳分泌减少,母仔关系变得疏远和紧张,应随时观察这些行为变化,一旦出现母、仔狐间或仔狐之间发生敌对的咬斗行为,要采取适时分窝的措施,防止咬死、咬伤事故发生。

第七,产仔母狐的管理。注意观察产仔母狐的食欲、粪便、母性行为变化,及时发现患病个体并对症治疗。增加饮水供给,保持环境安静。

第八,做好仔狐分窝的笼舍、用品准备工作。

第九,仔狐及时分窝。分窝是指让仔狐离开母狐独立生活。适时分窝是指仔狐分窝后具备独立生活的能力,且生长发育不出现停顿或负增长现象。分窝时间在 35～60 日龄;生长发育正常者一般在 40～45 日龄。

第十,仔狐分窝后做好幼狐位置和其母源关系的记录,以防系谱错乱不清。

第十一,仔狐分窝时的初选。仔狐分窝时要进行第一次母、仔狐选种,称初选或窝选(详见第四章种狐选择标准)。

六、幼狐育成期饲养管理规程

幼狐育成期是指仔狐分窝以后至体成熟(12 月下旬)的一段时间,其中分窝至秋分(9 月下旬)是幼狐体格迅速增长期,故又称幼狐生长期或育成前期;秋分至冬至是幼狐、种狐冬毛生长成熟的阶段,故对皮狐而言又称冬毛生长期或育成后期;对种狐而言秋分以后已转入准备配种期,故种狐的准备配种期与冬毛生长期是相互重叠的。

第一,分窝后的幼狐宜2~4只合养。刚分窝的幼狐胆怯惊恐,合养可减轻其孤独感,有利于迅速度过刚分窝时的不适应期。依据国外经验整个育成期幼狐适于一笼双养或多养(笼舍要加大),可增进食欲和健康,减少自咬、食毛症的发生率。

第二,适时疫苗接种。幼狐分窝后的第三周内,必须及时进行犬瘟热、病毒性肠炎和脑炎疫苗接种,严防这3种传染病发生。犬瘟热、脑炎疫苗皮下接种,肠炎疫苗肌内注射。一定要按免疫程序要求分期给幼狐免疫接种疫苗。否则免疫注射时间早于2周,幼狐体内母源抗体会中和疫苗(抗源)使免疫效果降低;如免疫接种时间超过3周,幼狐体内母源抗体消失出现免疫空当,会出现感染发病。

动物的免疫应答与其健康状态直接相关。疫苗免疫接种期间要加强饲养管理,减少不良刺激,勿使用免疫拮抗药物(地塞米松等)。

第三,适时增加日粮量。刚分窝的头1~2周内应投喂营养丰富、品质新鲜、容易消化的饲料,日粮饲喂量逐渐增多,以便幼狐适应独立采食,防止出现消化不良和消化道疾病现象。分窝半月以后提高日粮量,以幼狐吃饱而不剩余为原则。幼狐吃饱的标志是急速采食结束后,食盆中还要有剩余饲料,且消化和粪便情况无异常。饲喂时间应尽量在早、晚天气较凉爽时进行。具体日粮标准详见第五章。

幼狐育成期正是催大个的关键阶段,提倡干配合饲料与自配鲜饲料混合搭配,以增加干物质的采食量,促进幼狐的生长发育。混合饲料宜稠不宜稀,干配合饲料加水量以 2～2.5 倍为宜,最多不超过 3 倍。

第四,加强卫生管理,预防疾病发生。幼狐育成期正值天气炎热的时期,也是各种疾病的多发期。首先要加强饲养管理,提高幼狐的抗病力;其次要加强卫生管理,及时清理笼网、地面粪便,搞好环境卫生;另外要及时发现患病幼狐,及早治疗。

第五,严防幼狐中暑。夏季炎热,尤其是高温、高湿无风天气时,要严防幼狐发生中暑。预防措施是向笼舍地面洒水降温,中午和午后经常驱赶熟睡的幼狐运动,张挂遮阳网防止阳光直射笼舍等(彩图 38)。要准确掌握食盐喂量,用量增多又缺乏饮水时,极易导致幼狐中暑。

第六,秋分时节种狐复选。秋分时节要抓住观毛选种的有利时机,在窝选(初选)的基础上,主要根据幼狐秋季换毛情况进行种狐复选(选种标准见第四章)。秋分后选留的种狐转入准备配种期饲养,淘汰的皮狐转入冬毛生长期饲养。

第七,皮狐转入低照度环境饲养。秋分以后要将皮狐养在棚舍光照度较低的地方(如北侧、树阴下),这有利于皮狐育肥和提高毛皮质量。

第八,皮狐的育肥饲养。皮狐在保证冬毛正常生长发育的同时,宜育肥饲养,以期生产张幅大的皮张。育肥饲养的日粮要求适宜的蛋白质水平和较高的能量水平,提高能量以补给脂肪为主,不能过多增加谷物类饲料。日粮标准详见第五章。

第九,及时清理笼网粪便和活体梳毛。要及时清理皮狐笼网上积存的粪便,以免沾污毛绒,遇有皮狐被毛脏污、缠结时,要及时进行活体梳毛。

第十，做好皮狐取皮准备工作。11月下旬以后皮狐毛皮已逐渐成熟，应在取皮前做好各项取皮准备工作。

第十一，注意幼狐生长发育及冬毛成熟情况。幼狐育成前期要定期对幼狐检测体重增长情况，了解幼狐生长发育情况；幼狐育成后期则要定期观察冬毛生长成熟情况，如发现幼狐生长发育落后或皮狐冬毛生长成熟缓慢，则应及时查找原因，并迅速加以改正。正常饲养管理条件下，幼狐体重增长的标准见表 6-2。

表 6-2 幼狐各月龄体重指标 （单位：克）

月　龄	1	2	3	4	5	6	7	8
银黑狐	600～800	1850	3140	4310	5210	5660	5960	6080
芬兰纯繁狐		2540	5330	7870	10200	12500	14000	
改良北极狐	1350	3200	4750	5700	6600	7700	8100	
地产北极狐	700	1600	2700	3400	4500	5800	6500	

（参照：朴厚坤《实用养狐技术》，2002）

七、种狐恢复期饲养管理规程

第一，种狐恢复期饲养管理任务和意义。种狐恢复期是指公狐结束配种，母狐结束哺乳后至准备配种期开始前的一段恢复时期。饲养管理任务是优选翌年留种种狐促进其体况恢复，对保证其翌年种用价值有重要作用。

第二，母狐哺乳结束后立即进行选种。选择当年繁殖力强的公、母狐继续在翌年利用（选种标准详见第四章）。

第三，淘汰的老种狐及时埋植褪黑激素。淘汰的老种狐于 6 月份内及时埋植褪黑激素，以便在 9 月底至 10 月上旬提前取皮(详见后文褪黑激素埋植操作规程)。

第四,种狐恢复期的饲养。公、母狐繁殖结束后的头 2～3 周内仍应喂给繁殖期日粮,4 周以后再转喂恢复期日粮。种母狐断奶的头 1 周时间内应减少日粮饲喂量,以防发生淤滞性乳房炎。对个别繁殖力强而营养消耗大的体弱母狐(称授乳症)应格外特殊照顾。

第五,种狐恢复期的管理。继续留种的种狐要集中在一起,以便于管理,注意及时发现和治疗所出现的疾患,并于繁殖结束后和翌年繁殖前接种 2 次疫苗防疫。

第六。监查种狐恢复情况。恢复期至秋分(9 月下旬)时结束,秋分时节种狐已明显秋季换毛是恢复良好的体现。如秋分时节老种狐换毛尚不明显,在准备配种期内更要加强饲养管理。

八、埋植褪黑激素诱导冬毛早熟技术规程

(一)购买质量可靠的褪黑激素产品

质量可靠的褪黑激素应含量充足、埋植后缓释时间长(3～4 个月),效果明显。褪黑激素产品性质较稳定,一般常温避光保存 1～2 年亦不失效,如在冰箱中低温保存效果更佳。

(二)褪黑激素适宜埋植时间

1. 淘汰老种狐的适宜埋植时间 老种狐繁殖结束即仔狐断奶分窝后要适时初选,淘汰的老种狐在 6 月份内埋植褪黑激素。但埋植时老种狐应有明显的春季脱毛迹象,如冬毛

尚未脱换应暂缓埋植,否则效果不佳。

2. 幼狐埋植时间　当年淘汰幼狐应在断奶分窝 3 周以后,一般进入 7 月份埋植褪黑激素。出生晚的幼狐也可在断奶分窝后的 8～9 月份埋植。虽然提前取皮效果不明显,但埋植后有促进生长、加快育肥和促进毛绒成熟的作用,对提高毛皮质量有益。

3. 生产银蓝杂交狐时给银黑狐种公狐的埋植时间　为了推迟银黑狐公狐睾丸萎缩时间,达到和北极狐母狐同期繁殖生产银蓝杂交狐的目的,应在 12 月下旬至翌年 1 月上旬给银黑狐公狐埋植褪黑激素。

(三)埋植部位

均在皮狐颈背部略靠近耳根部的皮下处。埋植时先用一只手捏起皮狐颈背部皮肤,另一只手将装好药粒的埋植针头斜向下方刺透皮肤,再将针头稍抬起平刺至皮下深部,将药粒推置于颈背部的皮肤下和肌肉外的结缔组织中。注意勿将药粒置入到肌肉中,否则会因加快药物释放速度而影响使用效果。

(四)埋植剂量

老、幼狐均埋植 2 粒。没必要增加埋植剂量。但要注意防止埋植中药粒丢脱。

(五)埋植时的药械消毒

褪黑激素埋植使用专用的埋植注射器(图 6-3)埋植。

要严格注意埋植药械和埋植部位的消毒,要用 75% 酒精充分浸湿药粒和埋植器针头,埋植部位毛绒和皮肤也要用酒

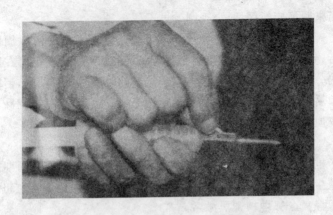

图 6-3 褪黑激素专用埋植器

精棉擦拭消毒,以防感染发生。

(六)埋植后皮狐的饲养管理

1. 埋植后皮狐的饲养

(1)采用冬毛生长期饲养标准 皮狐埋植褪黑激素后已转入冬毛生长期生理变化,故应采用冬毛生长期饲养标准饲养。

(2)适时增加和保证饲料量 皮狐埋植褪黑激素 2 周以后,食欲旺盛,采食量急剧增加,要适时增加和保证饲料供给量,以皮狐吃饱而少有剩食为度。

2. 埋植后皮狐的管理

(1)低照度环境饲养 皮狐宜养在棚舍内光照较低的地方,防止阳光直射,可提高毛皮质量。

(2)及时活体梳毛 查看皮狐换毛和毛被生长状况,遇有局部脱毛不净或毛绒黏结时,要及时活体梳毛。

(3)加强笼舍卫生管理 要根治螨、癣类皮肤病。

(七)埋植褪黑激素皮狐的取皮

1. 埋植褪黑激素皮狐的取皮时间　从埋植日计算,90～120 天内为适宜取皮期,正常饲养管理条件下皮狐的毛皮,在此时间内均能正常成熟。

2. 埋植褪黑激素 120 天后强制取皮　褪黑激素埋植一般在皮狐体内缓释 3～4 个月的时间,如埋植褪黑激素 120 天后皮狐的毛皮仍达不到成熟程度,也要强制取皮。一般不要再继续等待,否则会出现毛绒脱换的不良后果。

第七章　狐场管理标准化

一、狐场选址技术规则

(一)狐场场址选择的综合条件

养狐场场址选择,应考虑狐的生物学特性、地理条件、饲料条件、社会条件、环境条件等综合因素。

(二)狐场场址选择的具体条件

1. 地理条件

(1)地理纬度　北纬 35°以北地区适合养狐;北纬 35°以南地区不宜饲养,否则会引起毛皮品质退化和不能正常繁殖的不良后果。

(2)海拔高度　中低海拔高度饲养狐适宜;高海拔地区(3 000 米以上)不适宜,高山缺氧有损狐健康,紫外光照度高亦降低毛皮品质。

2. 饲料条件

(1)饲料资源条件　具备饲料种类、数量、质量和无季节性短缺的资源条件(详见第五章)。

(2)饲料贮藏、保管、运输条件　主要指鲜动物性饲料的冷冻贮藏、保管条件和运输条件。

(3)饲料的价格条件　具备饲料价格低廉的饲养成本条件。饲料的其他条件再好,但价格贵了,饲养成本高养殖无效益的地区不能选建养狐场。

3. 自然环境条件

(1)地势　要求地势较高燥或较平缓,排水通畅、背风向阳。地势低洼、潮湿、泥泞地方均不能选建场。

(2)面积　场地的面积既要满足饲养规模的设计需要,也应考虑到有长远发展的余地。

(3)坡向　坡地要求不要太陡,坡地与地平面之夹角不超过45°。坡向要求向阳南坡,如一定要在北坡的话,则要求南面的山体不能阻碍北坡的光照。如一定要在海岛地形上建场,则按阶梯式设计。

(4)土壤　尽量不占用农田,但要求土壤渗水较好、无沙尘飞扬。

(5)水源　水源充足、洁净,达到饮用水标准,用水量按1立方米/100只·日计算。

(6)气象和自然灾害　易发洪涝、飓风、冰雹、大雾等恶劣天气的地区不宜选建场。

4. 社会条件

(1)能源、交通运输条件　交通便利,煤、电方便,距主要交通干线不近亦不过远。

(2)卫生防疫条件　环境清洁卫生,未发生过疫病和其他污染。距居民区和其他畜禽饲养场距离至少500米以上。

(3)低噪声条件　养狐场应常年无噪声干扰,尤其4~6月份更不应有突发性噪声刺激。

(4)公益服务条件　大型饲养场职工及职工家属较多,应考虑就近居住和社会公益服务条件。

(三)狐场场址选择的具体实施

1. 踏查和勘测 依据(二)中场址选择具体条件逐项进行踏查和勘测,水源、水质等重要项目,需实地取样检验。有条件的地方可多选几处场地,以便于评估和筛选。

2. 评估和论证 聘请有经验的专家或专业技术人员共同对所踏查和勘测的地块充分评估和论证,权衡利弊,确定优选场址。

3. 办好用地手续 场址选好后应迅速视需用土地的面积、类型、性质等,按国家有关法律办理土地使用手续。

二、狐场建场技术规则

(一)狐场规划的内容及总体原则

1. 养狐场规划内容 养狐场总体规划主要内容是饲养场区(生产主体)、生产服务场区(主体的直接服务区)、职工生活和办公区(主体的间接服务区)的设置和合理布局。

2. 养狐场场地规划总体原则

第一,加大生产主体即饲养区的用地面积,尽量增加载狐量,根据实际需要尽量缩减主体服务区的用地面积,以保证和增加经济效益。饲养区用地面积与服务区用地面积之比例应不低于 8∶2。

第二,各种设施、建筑的布局应方便于生产,符合卫生防疫条件,力求规范整齐。

第三,整个狐场建设标准应量体裁衣,因地制宜,尽量压缩非直接生产性投资。

第四,根据总体规划分阶段投资建设,并为长远发展留有余地。

(二)狐场规划的具体要求

1. 饲养场区的规划要求 饲养场区主要建筑为棚舍和笼箱。应设在光照充足,不遮阳,地势较平缓和上风向的区域。饲养区内下风处还应设置饲养隔离小区,以备引种或发生疫病时暂时隔离使用。

2. 生产服务区规划要求

第一,生产服务区中饲料贮藏加工设施应就近建于饲养区的一侧,离最近饲养棚(栋)的距离 20~30 米,不要建在饲养场区内或其中心位置。其他配套服务设施也不要离饲养区过远。

第二,生产服务场区水、电、能源设施齐全,布局中应考虑安装、使用方便。

第三,生产服务区布局应注重安全生产,杜绝水、火、电的隐患。

3. 生活服务区的规划要求

第一,生活服务区与生产区要相对隔离,距离稍远。

第二,生活服务区排出的废水、废物不能给生产区带来污染。

4. 环保规划要求 依据《中华人民共和国环境保护法》相关内容执行。

(1)按环保的要求,杜绝环境污染 饲养场区院外的下风口处应设置积粪池(场),粪便和垃圾集中在积粪池(场),经生物发酵后作肥料肥田。也可由粪农及时将粪便拉至场外沤肥。饲料室的排水要通畅,废水排放至允许排放的地方。

(2)加强绿化、净化环境　整个场区均要植树,种花种草,减少裸露地面,绿化面积应达场区的30%以上。

三、狐场设施建设标准

(一)棚　舍

养狐宜采用棚舍饲养,不提倡露天无棚式的简陋饲养。棚舍建筑要求通风、采光、避雨雪。在棚舍设计、建造和改造的过程中,应考虑光照条件、空气质量、地理位置、水源条件等各种环境因素,创造适合狐生理特点的饲养环境。棚舍建设应该根据场地实际情况,在确保采光和通风的条件下,自行确定走向和长度。棚舍走向一般以东西走向为宜,既有利于种、皮狐分群饲养,又对夏季防暑有利。棚脊高2.6～2.8米,棚檐高1.6～1.7米,棚宽3.5～4米,棚间距3.5～4米。狐棚舍的建筑材料可因地制宜、就地取材(图7-1,彩图39,彩图40,彩图41,彩图42)。

(二)笼　箱

笼箱距地面的高度不低于60厘米。笼箱设置采食和饮水用具,同时应保证狐的安全舒适及活动需要。种、皮狐每只活动面积不低于7 000平方厘米。种狐笼长100厘米、宽70厘米、高90厘米;皮狐笼长100厘米、宽70厘米、高80厘米。据芬兰经验宜大笼舍2～4只合养效果好(彩图43,彩图44,彩图45),国内现已借鉴芬兰经验改建大笼舍(彩图46)。

种狐小室长50厘米、宽60厘米、高45厘米。芬兰种狐产箱仅长40厘米、宽60厘米、高40厘米,平时放在笼顶上,母狐产仔时送入笼舍内(图7-2)。

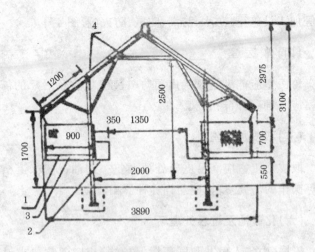

图 7-1　狐棚舍规格　（单位：毫米）

图 7-2　芬兰狐的产箱

(三) 饲料间

饲料间大小视养殖规模而定,应具备饲料洗涤、粉碎、搅拌等加工设施,要防水、防潮、防鼠、防火(彩图 47)。

(四)兽医室

兽医室应能满足狐疾病预防、检疫、化验及治疗的需要,规模应与饲养种群相配套。

(五)取皮加工室

取皮加工室应满足皮狐处死、剥皮、刮油、洗皮、上楦、干燥等操作的需要,规模应与饲养种群相适应。

(六)化粪池及垃圾处理场

依据《中华人民共和国环境保护法》相应条款要求设置,达到中华人民共和国畜牧法规定的标准[参照国家林业局"毛皮野生动物(兽类)·驯养繁育利用技术管理暂行规定",2005]。

四、狐场经营管理规则

(一)狐场经营管理的理念

狐场经营管理所追求的目标是优质、低耗、高效。达到高效生产的经营理念应该是:以种狐为根本,以市场信息为导向,以饲料为基础,以技术、管理为保证,以资金作后盾,以效益为中心。

1. 以种狐为根本 种狐的品质不仅体现自身价值,而且决定了产品的质量和经济效益。不论新老狐养殖场,都应把种狐放在经营管理的首要地位。确立良种意识观念,力争人无我有、人有我多、人多我精、人精我特。

2. 以市场信息为导向　一个养狐场必须有一个较长时期的奋斗目标和符合市场需求的近期发展方向。以市场信息为导向才能生产市场适销对路的产品,增强竞争能力。

3. 以饲料为基础　饲料是养狐的最重要的基础条件,又是饲养成本的决定因素。抓好这一基础保证,不仅能获得理想的繁殖效果,而且还将科学地降低饲养成本。

4. 以技术、管理为保证　狐养殖的技术性、周期性很强,一年只有1次繁殖,容不得任何季节和环节的失误。狐养殖的疾病风险性较大,需要用科学的管理去严加防范。因此,要加强技术管理,向科技要效益。大、中型养狐场要配备得力的技术管理人员,加强对职工技术培训,不断提高总体技术水平。

5. 以资金作后盾　狐养殖投资较大,特别是流动资金投入较多,养狐一定要量体裁衣,适度发展,确保流动资金的来源和周转。

6. 以效益为中心　养狐的最终目的就是为获得应有的经济效益,只要坚持上述的经营理念,就能达到优质、低耗、高效的目的。

(二)养狐场的计划管理

狐养殖是一项计划性很强的管理工作。计划功能在于经济地使用狐场的全部资源,有效地掌握和预见未来趋势,获取最大的经济效益。计划是狐场管理决策的具体化,也是战略目标的具体化,是科学管理的第一功能。

狐场计划管理主要内容有经济计划管理、饲料计划管理、生产计划管理、人员计划管理等方面。

1. 养狐场经济计划管理

(1)养狐场生产成本分析　成本是单位产品的物力与人

力消费,分为直接消费和间接消费:

①直接消费　是指直接投入产品生产过程的消费,包括饲料费、饲养员工资、饲养场直接使用的工具、场地、当年维修费等。这部分消费占成本的绝大部分并且是必需的。

②间接消费　是指用于服务性生产的消费,主要指后勤、行政人员工资、非生产性建设投资、行政管理费用等。这部分消费应占成本的较少部分。经营管理水平和狐群的规模直接影响着间接费用。配套条件适宜的大、中型养狐场,间接费用较低。

(2)养狐场收入分析　养狐场经济收入主要包括出售皮张、种狐收入,其次为副产品收入。

第一,在条件允许的情况下,狐饲养的总只数及平均产量越多,则总收入随之增加。

第二,产品的质量对售价影响很大,故优良种狐及其产品在成本不变的情况下,收入却能明显提高。

(3)养狐场经济效益分析　狐场的总收入减去总支出,即为经济效益,正数为盈利,负数为亏损。北极狐按群平均育成幼狐 6 只、银黑狐 4 只,产品按皮张计算其成本利润率北极狐为 30%~50%、银黑狐为 40%~60%。

狐场效益风险点:狐场的效益在成本和产品售价不变的情况下,其盈利直接取决于群平均生产幼狐的多少。当育成幼狐数低于某一数值时,效益上将出现亏损,这一决定盈亏的临界数被称为风险点。狐年终群平均育成幼狐的风险数为银黑狐 2 只、北极狐 3 只。

2. 养狐场饲料的计划管理

(1)养狐场饲料计划管理的重要性　狐饲料以动物性饲料为主,采购、贮存均有一定困难,但其又是狐养殖必不可少的物质基础,所以一定要加强计划管理,保质、保量、保应时。

(2)狐饲料消耗计划 狐年、季度各种饲料消耗计划见表7-1。

表 7-1 狐饲料消耗计划 （单位：千克）

季 度	鱼肉类	奶 类	谷 物 类	蔬 菜 类	鱼肝油	酵 母
成 年 北 极 狐						
1	29.9		2.7	4.6	0.12	0.68
2	57.2	13.8	6.7	10.9	0.27	1.68
3	30.7		3.6	8.5	0.14	0.95
4	32.4		3.7	9.0	0.15	1.01
总 计	150.2	13.8	16.7	33.0	0.68	4.32
幼 北 极 狐						
2	3.3	0.5	0.5	0.9	0.02	0.11
3	30.7		3.4	6.9	0.13	0.87
4	31.4		5.1	7.9	0.15	1.08
总 计	65.4	0.5	9.0	15.7	0.30	2.06
成 年 银 黑 狐						
1	24.8	4.4	3.4	2.3	0.18	0.76
2	43.5	18.4	7.4	4.8	0.38	1.43
3	28.0		5.5	2.6	0.11	0.68
4	23.9		5.8	2.6	0.06	0.52
总 计	120.2	22.8	22.1	12.3	0.73	3.39
幼 银 黑 狐						
2	6.4	1.4	0.9	0.5	0.04	0.19
3	25.9		4.8	2.4	0.09	0.73
4	24.7		5.7	2.7	0.06	0.54
总 计	57.0	1.4	11.4	5.6	0.19	1.46

(3)饲料管理的要点

①确保饲料质量　采购中要保证饲料新鲜、无污染、无毒害。贮存中确保贮藏条件,尤其动物性饲料运回冷库后要先速冻,后冷藏,贮藏温度－15℃以下。

②确保饲料数量　采购、供应要按时确保狐群对饲料需求的数量,尤其是妊娠母狐的饲料要贮备充足,确保动物性饲料种类的稳定。

③确保应时供应　狐不同生产时期对饲料种类、品质有不同要求,要应时保证供应。

④及时清理库存　对报废饲料进行损耗处理。

3. 养狐场生产技术管理

(1)养狐场生产任务　养狐场生产任务主要是计划每只母狐断奶分窝和年终平均育成幼狐数,年终增加或缩减种群数以及生产的产品数及其等级质量等。

(2)生产定额

①生产定额的内容　饲养人员应实行生产定额管理并与全场生产计划相适应。应明确下列几项计划指标:固定给每个饲养员、饲料加工员的狐头数;种狐繁殖指标即仔、幼狐育成数;生产的产品质量和数量定额。

②生产定额计划原则　生产定额计划应根据本场历年生产水平和员工技术素质确定。既要逐年有所提高,又要切实可行,并与多劳多得的分配原则结合起来。

4. 建立健全各生产人员职责　建立健全各生产人员岗位职责,最好实行全员岗位承包责任制。

(1)场长职责　组织全场生产,保证饲料供应,制定劳动定额并签定劳动合同;在技术员的协助下,完成生产计划、经济计划、产品质量计划。

（2）技术员职责　制定饲料单和狐群品质提高技术措施，落实、解决生产中涉及的具体技术问题，监督、配合场长执行计划，管理好技术资料和技术档案。

（3）饲养员、饲料加工员职责　饲养员和饲料加工员是第一线工作人员，具体负责狐群饲养和饲料加工。要服从场长、技术人员的领导和指导，做好本职工作。工作中遇有技术问题及时向技术员汇报。

5. 人员管理　养狐场人员管理实行场长领导下的岗位负责制，实行逐级聘用。要注重职工的素质提高，加强理论业务的培训、学习，建立考绩制度和档案。

第八章 产品标准化

一、狐皮初加工技术规程

(一)季节皮取皮时间

1. 季节皮取皮时间 狐正常饲养至冬毛成熟后所剥取的皮张称之为季节皮。季节皮适宜取皮时间一般在农历小雪至大雪(11月中旬至12月上旬)期间,但受饲养管理和冬毛成熟情况所制约。

2. 埋植褪黑激素皮取皮时间 埋植褪黑激素的皮狐一般在埋植后3~4个月的时间内及时取皮,超过4个月的时间不取皮会出现脱毛现象。

3. 准备工作 取皮前做好取皮各项准备工作。

(二)毛皮成熟的鉴定

1. 取皮前 要对皮狐每个个体进行毛皮成熟情况鉴定,成熟一只取一只,成熟一批取一批,确保毛皮质量。

2. 冬皮成熟的标志

(1)全身被毛灵活一致 全身被毛毛峰长度均匀一致,尤其毛皮成熟晚的后臀部针毛长度与腹侧部一致,针毛毛峰灵活分散;颈部毛峰无凹陷(俗称塌脖);头、面部针毛蓬起。

(2)毛被出现成熟的裂隙 冬皮成熟后动物转动身体时,毛被出现明显的裂隙。

（3）皮肤颜色变白　冬皮成熟时，皮肤颜色由青变白，剥下的皮皮板颜色灰白，无黑色素沉着。

3. 试宰观察　正式取皮前挑冬皮成熟的个体，先试宰几只，观察冬皮成熟情况，达到成熟标准时再正式取皮，达不到标准时，则不要盲目取皮。

（三）处　死

1. 处死的原则　处死皮狐要求迅速便捷，不损坏和污染动物毛绒。

2. 常用的处死方法

（1）药物致死法　常以横纹肌松弛药司可林（氯化琥珀胆碱）处死，按狐1毫克/千克体重的剂量皮下或肌内注射，狐在3～5分钟内死亡，死亡过程中无痛苦和挣扎。

（2）普通电击法　将连接220伏交流电火线（正极）的金属棒插入皮狐肛门内，令其爪或嘴部接触于连接零线（负极）的铁网上，接通电源3～5秒钟，狐可立即死亡（图8-1）。

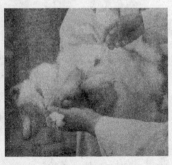

图 8-1　电击处死皮狐　　　图 8-2　心脏注射空气处死皮狐

（3）心脏注射空气法　将注射器针头插入心脏内，注射10毫升空气，狐立即死亡（图8-2）。

3. 尸体要清洁摆放 处死后的尸体要摆放在清洁干净的物体上，不要沾污泥土灰尘，尸体严禁堆放在一起，以防体温散热不畅而引起受闷脱毛。

(四)剥 皮

按商品皮规格要求剥成头、尾、后肢齐全筒状皮，切勿开成片皮。

1. 挑裆 用锋利尖刀从一后肢掌底处下刀，沿腿内侧长短毛分界线挑开皮肤至肛门前缘约 3 厘米处，再继续挑向另一后肢掌底处。沿尾腹部正中线从肛门后缘下刀挑开尾皮至尾的 1/2 处。将肛门周围所连接的皮肤挑开，留一小块三角形皮肤在肛门上。将前爪从腕关节处剪掉，或把此处皮肤环状切开(图 8-3)。

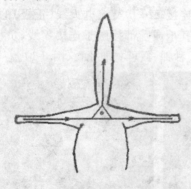

2. 抽尾骨 剥离尾骨两侧皮肤至挑尾的下刀处，用一手或剪刀把固定尾皮，另一手将尾骨抽出，再将尾皮全部剪开至尾尖部。

3. 剥离后肢 用手撕剥后肢两侧皮肤至爪部，剪断母狐的尿生殖道和公狐的包皮

图 8-3 开裆示意图

囊。

4. 翻剥躯干部 将皮狐两后肢挂在铁钩上固定好，两手抓住后裆部毛皮，从后向前(从尾向头)筒状剥离皮筒至前肢处，并使皮板与前肢分离(彩图 48)。

5. 翻剥颈、头部 继续翻剥皮板至颈、头部交界处，找到耳根处将耳割断，再继续前剥将眼睑、嘴角割断，剥至鼻端时，再将鼻骨割断，使耳、鼻、嘴角完整的留在皮板上，注意勿将耳孔、眼孔割大。

6. 准备刮油 剥下的鲜皮宜立即刮油，如来不及马上刮油，应将皮板翻到内侧存放，以防油脂干燥，造成刮油困难。

（五）刮 油

刮油的目的是把皮板上的油脂、残肉清除干净，以利于皮张上楦和干燥。

1. 上楦棍 将鲜皮毛朝里，板朝外套在特制的刮油楦棍上，或将直径 10～15 厘米粗的硬胶管塞在皮筒内，使皮板充分舒展铺平，勿有折叠和皱褶。

2. 刮除脂肪 用刮刀刮除皮板上脂肪，刮刀不宜太锋利，刀刃与皮板呈 45°角，均匀用力，不要刮得太狠损坏毛囊或将皮板刮破。刮头部残肉时要稍加用力，将残肉刮至耳根处。刮油时手和皮板上要多搓撒些锯末，以防油脂污染毛绒。颈部、后裆和尾部脂肪不易剥除，但要求务必刮净（图 8-4）。

图 8-4　手工刮油

(六)修剪和洗皮

修剪。用剪刀将头部刮至耳根的油脂和后裆部残存脂肪剪除干净,并将耳孔适当剪大,勿将皮板剪破,造成破洞。修剪后将皮板用转鼓转洗后抖净,准备上楦。

(七)上　楦

1. 楦板规格　上楦的目的是使鲜皮干燥后应符合商品皮要求的规格形状。楦板的规格是有严格要求的(图 8-5),规格见表 8-1,表 8-2。

表 8-1　狐皮楦板规格　(单位:厘米)

距楦板顶端长度	楦 板 宽 度
0	3
5	6.4
20	11
40	12.4
60	13.9
90	13.9
105	14.4
124	14.5
150	14.5

表 8-2　芬兰纯繁和改良狐皮楦板规格　(单位:厘米)

距楦板顶端长度	楦板宽度	楦板厚度
0	3	
15	12	2
180	16.5	

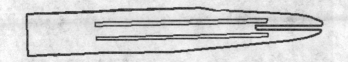

图 8-5 狐皮楦板图

2. 上楦要求 头部要上正,左右要对称,后裆部,背、腹部皮缘要基本平齐,不要过分拉抻皮长,尾皮要平展并缩短。

(八)干 燥

干燥的目的是去除鲜皮内的水分,使其干燥成商品皮所要求的形状,以利于保管贮存。

1. 提倡毛朝外上楦吹风干燥 吹风干燥机与鼓风机组合配套,排风箱外面安装若干排风管,管长 8～10 厘米,内径 0.7～0.9 厘米(金属管壁厚 1 毫米)。每管排风量 0.022～0.028 立方米/分。管间横向距离 13 厘米,纵向距离 6 厘米。室温 15℃～22℃,空气相对湿度 55%～65%。干燥方法是将楦皮嘴部嵌入排风管,楦皮间平行排列,鲜皮吹风至 24～30 小时时下楦,更换楦板继续吹风,干燥时间公狐皮 48～60 小时。也可用热源加温烘干,但干燥温度应保持在 25℃～28℃,不宜高温烘干,以防皮板受焖掉毛、焦板。

2. 板朝外上楦干燥 板朝外上楦要置于阴凉干燥处,忌在阳光直射下晒干,至七成干时,再翻转成毛朝外上楦继续干燥定型(图 8-6)。

3. 及时下楦 无论那种干燥形式,待皮身基本干燥成型后,均应及时下楦。

图 8-6 板朝外上楦自然晾干干燥

(九)风 晾

风晾是指下楦后的皮张放在常温室内晾至全干的过程，全干是指皮张的爪、唇、耳部均全部干透。风晾时应把毛皮成把或成捆的悬在风干架上自然干燥（彩图 49）。

(十)整理贮存

1. 清洗毛绒 干透的毛皮还要用转鼓、转笼洗皮 1 次（图 8-7，图 8-8），彻底去除污渍和尘土，遇有毛绒缠结情况要小心把缠结部梳开。

2. 初验分类 按毛皮收购等级、尺码要求初验分类，把相同类别的皮张分在一起（彩图 50）。详见后文狐皮品质分级标准。

3. 包装贮存 初验分类后，将相同类别的皮张背对背、腹对腹的捆在一起或放入纸箱或木箱内暂存保管，每捆或每箱上加注标签、标明等级、性别、数量。

4. 注意安全 初加工的皮张原则上尽早销售处理，确需暂存贮藏时,要严防虫、火、鼠、盗等灾害发生。

图 8-7　转鼓洗皮　　　　图 8-8　转笼洗皮

二、狐皮收购规格标准

(一)北极狐皮收购规格

1. 加工要求　皮形完整。头、耳、须、尾、腿齐全,毛朝外,圆筒皮,按标准撑楦晾干。

2. 等级规格

(1)一等皮　毛色灰蓝光润,毛绒细软稠密,毛峰齐全,皮张完整,板质优良,无伤残,皮张面积在 2 111 平方厘米以上。

(2)二等皮　符合二级皮质,有刀伤破洞 2 处,长度不超过 10 厘米,面积不超过 4.44 平方厘米,皮张面积在 1 889 平方厘米以上。

(3)三等皮　毛皮灰褐,绒短毛稀,有刀伤破洞 3 处,长度不超过 15 厘米,面积不超过 6.67 平方厘米,皮张面积在 1 500平方厘米以上。

(4)等级比差　一级 100%;二级 80%;三级 60%;等外40%以下,以质论价。

3. 尺码长度和尺码比差

尺码长度和尺码比差见表 8-3。

表 8-3　尺码长度和尺码比差

项　　目	长度与比差					
尺码长度 （鼻尖至尾根）	70—79	——88	——97	——106	——115	——124——
	↑	↑	↑	↑	↑	↑
	3 号	2 号	1 号	0 号	00 号	000 号
尺码比差（%）	80	90	100	110	120	130

注：皮长系鼻尖至尾根的垂直直线长度

(二)银黑狐皮收购规格

1. 加工要求　与北极狐皮相同。

2. 等级规格

(1)一等皮　毛色深黑,针毛从颈部至臀部分布均匀,色泽光润,底绒丰足,毛峰整齐,皮张完整,板质良好,毛板不带任何伤残,皮张面积 2 111.11 平方厘米以上。

(2)二等皮　毛色较暗黑或略褐,针毛分布均匀,带有光泽,绒毛较短,毛峰略稀,有轻微塌脖或臀部毛峰有擦落。皮张完整,刀伤或破洞不得超过 2 处,总长度不得超过 10 厘米,面积不超过 4.44 平方厘米。

(3)三等皮　毛色暗褐欠光泽,银针分布不甚均匀,绒短略薄,毛峰粗短,中脊部略带粗针,板质薄弱,皮张完整,刀伤或破洞不超过 3 处,总长度不得超过 15 厘米,面积不超过 6.67 平方厘米。

等级比差同北极狐皮。

3. 尺码长度和尺码比差　与北极狐皮相同。

(三)彩色狐皮收购规格

彩色狐皮等级标准、尺码规格参见银黑狐皮和北极狐皮相应规格。彩色狐皮要求毛皮颜色要符合类型要求,毛色不正的杂花皮按等外皮论价。

三、狐副产品加工利用规则

养狐不仅能获得其主要产品——狐皮,还有副产品如狐肉、狐油、狐心等,有较高的利用价值。本规则适用于这些副产品的加工和利用。

(一)狐副产品加工利用规则

1. 及时加工处理 狐各种副产品及时收集、加工、利用,也是一笔不小的收入,及时加工能确保产品加工质量。

2. 无公害处理 加工、销售要按正规渠道,不要私自违反有关规定流入市场。加工过程和废弃物要按卫生防疫规定处理,不能造成环境污染和公害。

(二)各种副产品利用价值、加工方法

1. 狐 肉

(1)狐肉的利用价值 狐肉肉质细嫩、营养丰富,属高蛋白、低脂肪肉类。据分析狐肉蛋白质中,符合人体必需氨基酸比例接近牛、羊肉,蛋白质比例高于牛、羊肉。

可食用或作为毛皮动物的精补饲料,还可用其生产优质的肉骨粉饲料。

(2)狐肉加工要求 狐胴体在剥皮时要保持清洁卫生,摘

除肛腺、去除内脏及时冷存。患病狐的胴体不能利用,要按卫生防疫法规定焚烧处理,不能随意丢弃。

2. 狐 油

(1)狐油的利用价值 狐脂肪可在剥皮刮油时搜集,也可从胴体上采集(图 8-9)。狐油浸透力强、熔点低是作高级化妆品的优质原料,而且对皮肤病治疗有效。狐油也可以作为高能量饲料饲喂毛皮动物。

图 8-9 从胴体上采集狐油

(2)狐油加工要求 狐皮加工中的原料生脂肪,去除杂质可直接销售,也可以加热炼制成熟油保管。

3. 狐 心

(1)狐心的利用价值 公、母狐心均可入药,有强心、镇静、安神等功效。

(2)狐心加工要求 剥皮后及时采集狐心脏,置烘干箱中烘干或穿成串在室外冻干。干好后及时保管或销售。

4. 粪 肥

(1)粪肥的利用价值 狐的粪便是高效优质的有机肥料。1 只狐年产粪肥约 65 千克。可用于喂猪,肥田、肥水,更适合生产绿色有机肥料(图 8-10)。

图 8-10 利用毛皮兽粪便生产有机肥料 （山东文登）

（2）粪肥加工要求 狐粪要集中到积粪池中堆积发酵生物处理。可用于沼气池填料、供果农菜农肥田、还可以送肥料厂生产绿色环保有机肥料。注意贮存、运输过程中不要给环境造成污染。

5. 脱落的毛绒

（1）毛绒的利用价值 狐的毛绒纤细而柔软,保温性能好。是制作毛纺织品的优质原料。

（2）毛绒的加工要求 狐每年春末夏初集中脱毛 1 次,可将脱落于笼底的毛绒拾起,也可直接从狐身体上采集,拣净泥土杂物即可销售。每只狐可收集毛绒 50～80 克。

第九章　疾病防治标准化

一、养狐场卫生防疫技术规程

(一)养狐场卫生防疫工作方针

1. 预防为主、防重于治　卫生防疫工作重点放在预防上,通过预防防止或减少狐发病,防患于未然。

2. 集中围歼、防止扩散　一旦发生疫情要迅速采取隔离封闭、歼灭病原等措施,严防疫情扩散造成更大损失。

3. 群策群力、通力协作　卫生防疫工作贯穿在全年各生产时期和所有养狐场(户)之中,因此要充分发动群众,群策群力。卫生防疫又涉及到养狐户和畜牧兽医、卫生防疫等多个部门,各部门间也应通力协作,相互配合。

(二)养狐场的卫生管理

1. 饲料卫生　一是绝对禁止从疫区采购饲料;二是严格控制饲料的霉败变质,管好库房和冷库的卫生;三是清除有害物质。饲料在加工前先清除杂质和有毒害作用的部分,充分洗净后,方可加工调制。

2. 饮水卫生

(1)水源卫生　饮水要清洁干净,达到人、畜饮用水标准,水源要严加管理,严防流入污水和有害物质。

(2)水具卫生　盛水用的水盒要经常清理污渍,定期消

图 9-1   刷洗水盒清理环境卫生

毒,防止真菌和藻类孳生(图 9-1)。

2. 笼舍卫生

(1)笼网卫生管理   及时清理笼舍内的宿便、污物,严禁粪便在笼舍内贮留。

(2)垫草卫生管理   垫草是为防潮、防污和产仔保温而使用的。一是要保证选购垫草的清洁、干燥、无霉变和农药污染;二是垫草使用前要充分晾晒经日光紫外线消毒。妥善保管严防雨雪淋湿而发霉。发霉的垫草不能使用,用过的垫草也不能晒干后重复使用;三是用过的垫草要及时清理,采取焚烧或和粪便一起沤肥生物消毒处理。

(3)笼舍地面卫生管理   笼舍地面上的粪便和垃圾要及时清理,保持地面清洁和干燥,防止泥泞和积水,每集中清理1 次卫生后,应撒布生石灰消毒。

4. 饲料加工室和喂食用具卫生

(1)饲料加工室卫生   饲料加工室应门窗密闭,防止动物和老鼠窜入,夏季门窗还应安装纱网,防止蚊、蝇进入。墙壁和地面要经常用水清洗,生熟饲料加工要相对隔离。饲料室内严禁存放和使用有害、有毒物质。

(2)饲料加工用具及喂食用具卫生　饲料加工用具要保证卫生,加工饲料后随时用清水冲刷干净,并定期消毒处理。食盆、食碗要及时刷洗,平时每周消毒1次,发生疫病时应每日消毒处理。

(三)养狐场的防疫管理

1. 消灭病原,切断传染途径

(1)加强种狐检疫　凡引进新种狐都应隔离饲养2周以上并经必要检验、检疫,确认健康无病方可混群。

(2)严禁猪、鸡、猫、狗等动物进入场内　要严禁进入,还要禁止混、散养于场内,以防互相传染疾病。场内养有护院犬时要圈养并进行疫苗接种防疫。

(3)设消毒槽　养狐场各出入口,应设消毒槽,以防带入病原。班组之间各种用具尽量不要串用,尤其发生疫情时更不允许串用,以防传染扩散。

2. 定期预防接种

(1)购买质量可靠疫苗制品,妥善运输保管　正规单位、厂家生产的单价疫苗,质量可靠,不宜使用犬用多价疫苗。运输和保管疫苗中要防止冷冻疫苗缓化和非冷冻疫苗被冻结。

(2)已超过有效期的疫苗不宜使用　疫苗从生产日期起有效期一般为6个月时间,超过有效期不能使用。

(3)预防接种的时机　老种狐每年预防接种2次,第一次是在繁殖结束后,即仔狐断奶分窝后预防注射,继续留种的在第一次预防接种后的第六个月内再次预防接种。幼狐于断奶分窝后的第三周内进行第一次预防接种,留种幼狐在第一次接种后的第六个月内再次预防接种。幼狐预防接种必须按上述时间要求分期分批及时进行,不能提前和错后。

(4)预防接种的程序　一般冷冻的疫苗(犬瘟热、脑炎)宜皮下接种,非冷冻的病毒性肠炎疫苗,属灭活疫苗,宜肌内深部接种。

(5)预防接种的疫苗种类　狐要求接种犬瘟热病疫苗、病毒性肠炎疫苗、脑炎疫苗、阴道加德纳氏菌病疫苗和绿脓杆菌疫苗。狐阴道加德纳氏菌病疫苗,最好在种狐检疫的基础上对检测结果阴性的个体进行预防接种。

(6)注意预防接种的消毒　预防接种疫苗时,要注意严密消毒,每接种一只后最好更换 1 次针头,注射器具要严密消毒,防止交叉感染或注射部位感染现象的发生。

(7)确保预防接种的质量　预防接种过程中要准确保证注射疫苗的相应剂量(以产品说明书为准)。皮下注射时,防止将注射器针头穿至皮外而造成漏注现象。

(8)预防接种时机　应在狐群健康状况良好,免疫功能健全时进行,如果狐群健康状况不良,免疫功能降低,应暂缓进行预防接种。如预防接种时恰遇相应的传染病发生,则应立即紧急接种,但紧急接种用的疫苗必须保证质量(说明书中注明可供紧急接种使用)。

3. 疫情的报告和围歼　依据国务院《重大动物疫情应急条例》认真执行。

(1)建立健全疫情监查报告制度　养狐户(场)对传染病发生应高度警惕,遇有疑似传染病或传染病病例发生时,要及时上报当地动物防疫监督机构进行检疫(图 9-2),不得瞒报、漏报和缓报。

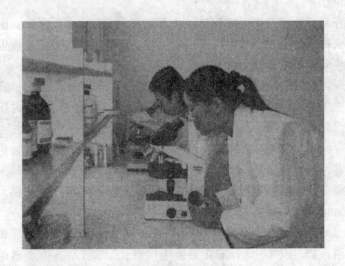

图 9-2　疫病检测

　　(2)确认疫情发生时　当地政府兽医主管部门要立即对疫区采取隔离、封锁和围歼措施。严防疫情传播扩散,直至歼灭疫情并经一个潜伏期以上监测和终末消毒后,方可由当地政府宣布解除令,解除封锁隔离。同时要发布疫情通报,动员邻近饲养场(户)做好消毒、隔离等防范工作。

二、疾病防治的无公害化规程

(一)疾病预防

　　1. 树立一个观念　树立预防为主、防重于治的观念。

　　2. 科学饲养　满足动物营养需要,保持健康适宜的体况,增强机体抗病力。

　　3. 防止病从口入　许多疾病的侵袭往往与食物相关,要严格把握饲料、饮水卫生,防止污染。

4. 减少不良刺激对狐影响 环境条件的变化对狐健康影响很大,雨、雪、高温等天气变化时,更要加强饲养管理,采取预防措施,防止疾病多发。

5. 加强环境及饮、食具的消毒 消毒是杀灭传染源,防止疾病多发的得力措施。但消毒应注意使用环保所允许使用的消毒制剂,勿对环境造成污染和对人、畜造成毒害。

6. 预防用药 预防用药应多利用生态制剂、保健药物和中草药,少用抗生素类化学药品,以防狐产生抗药性,从而影响发病时的治疗效果。

(二)疾病治疗

1. 发生疾病及时治疗

(1)发生可疑传染性疾病的治疗 发生可疑传染性疾病时及时向当地动物防疫监督机构报告。如确诊为传染性疫情,要及时封锁、隔离、扑杀,以最快速度扑灭疫情。严禁漏报、瞒报或迟报,以防造成疫病传播和扩散。

(2)发生普通病的诊治 发生普通病时亦要及时确诊和对症治疗,减少死亡损失。

(3)发生疑难病的诊治 出现疑难病例时,应及时报告有关部门和专家会诊并对症治疗。有些疑难病例可能属于新发疾病,应会同科研部门共同防治,有利于无公害化处理。

2. 合理用药治疗 疾病的治疗必须依据确诊结果,对病原、病因有针对性的合理用药治疗,严禁盲目用药。注意用药的无公害化,不使用国家明令禁止的禁用药。

(三)尸体、病料、可疑性传染源的无公害处理

依据中华人民共和国国家标准《畜禽病害肉尸及其产品无害化处理规程》(GB 16548—1996)认真执行。

病死狐的尸体,严禁在养狐场内露天地解剖,采集的病料,剩余的疫苗、药剂,狐的排泄物、饮食具等被传染源污染的物品,不允许随意丢放,应焚烧或深埋做无害化处理。

(四)传染性疫情解除封锁的无公害处理

发生传染病疫情的疫区需在确保疫情已扑灭,经当地政府批准后,并经严格的终末消毒后方可解除封锁。

附 录

一、狐常用饲料成分表

毛皮动物常用饲料成分见附表1。

附表1 常用饲料成分 （每100克中含量）

名　　称	水　分	蛋白质	脂　肪	糖	热　量（千焦）	灰　分	钙	磷	铁
牛　肉	57.1	17.7	20.3	4.0	1129.7	0.9	5.0	179.0	2.1
牛　肝	69.0	18.9	2.6	9.0	560.7	0.9	13.0	400.0	9.0
牛　心	80.0	8.6	10.9	—	556.5	0.5	8.2	185.0	5.4
牛　肺	91.0	7.3	1.4	—	175.7	0.4	7.0	81.0	6.7
牛　胃	81.0	14.8	3.7	—	389.1	0.5	22.0	84.0	0.9
牛　肾	82.0	12.8	3.7	0.3	359.8	0.9	17.0	198.0	11.4
牛　脑	77.1	10.4	11.0	0.2	589.9	1.3	13.1	351.0	0.9
牛　血	80.9	17.3	0.5	0.5	318.0	0.8			
牛肠干	5.6	43.3	40.0	7.9	2364.0	3.2	51.0	452.0	13.5
牛　奶	87.0	3.1	3.5	5.0	297.1	0.7	120.0	90.0	0.1
牛奶粉	5.0	25.6	26.7	37.0	2012.0	6.0	900.0	75.0	—
奶渣子	12.0	55.0	8.5	21.0	1594.1	3.7	551.0	796.0	—
羊肉(肥瘦)	51.0	13.3	34.6	0.7	1535.5	0.7	11.0	129.0	2.0
羊肉(瘦)	67.0	17.3	13.6	0.5	811.7	1.0	15.0	168.0	3.0
羊　肝	68.0	18.5	7.2	4.0	648.5	1.4	9.0	414.0	6.6

名 称	水 分	蛋白质	脂 肪	糖	热 量（千焦）	灰 分	钙	磷	铁
羊 心	80.0	11.5	8.3	—	497.9	0.6	11.0	102.0	4.5
羊 肺	76.0	20.2	2.8	—	443.9	1.2	17.0	66.0	9.3
羊 胃	84.0	7.1	7.2	1.2	410.0	0.5	34.0	98.6	1.4
羊 肾	79.0	16.3	3.2	—	393.3	1.3	48.0	279.0	11.7
羊 血	82.2	16.4	0.5	0.1	297.1	0	0.8	—	—
羊 脑	76.0	11.0	11.4	0	615.1	1.6	21.0	358.0	6.7
羊 奶	87.0	3.8	4.1	4.3	288.7	0.9	140.0	106.0	0.1
猪肉（瘦）	52.6	16.7	28.8	1.0	1380.7	0.9	11.0	177.0	2.4
猪 心	78.6	13.1	6.6	1.2	489.5	0	0.5	45.0	102.0
猪 肝	71.0	20.1	4.0	3.0	535.5	1.8	11.0	270.0	25.0
猪 肺	83.3	11.9	4.0	0	351.5	0.9	12.0	230.0	3.4
猪 胃	80.3	14.6	2.9	1.4	334.7	0.8	—	—	—
猪小肠	91.2	7.2	1.1	0.3	167.4	0.2	3.0	13.0	—
猪大肠	76.8	6.9	15.6	0.6	702.9	0.6	—	—	—
猪 血	95.0	4.3	0.2	0.1	79.5	0.5	69.0	2.0	15.0
驴 肉	77.4	18.6	0.7	—	328.9	—	10.0	144.0	18.6
马 肉	75.8	19.8	0.8	—	359.8	—	8.0	202.0	7.6
兔 肉	77.2	21.2	0.4	0.2	372.4	1.0	16.0	175.0	2.0
鲜碎骨 *	42.1	17.0	9.9		669.4	30.0	—	—	—
鱼骨粉 *	10.0	50.0	8.6	—	1192.4	26.4	—	—	—
鸡 肉	74.2	21.5	2.5	0.7	460.2	1.1	11.0	190.0	1.5
鸡 肝	75.1	18.2	3.4	1.9	464.4	1.4	21.0	260.0	8.2
鸡 头	71.0	1.2	8.0		556.5	17.2	—	—	—

名　称	水　分	蛋白质	脂　肪	糖	热　量 (千焦)	灰　分	钙	磷	铁
鸡内脏	77.0	9.0	10.6	—	564.8	3.4	—	—	—
鸡　蛋	72.0	11.8	11.6	0.5	640.2	1.1	0.16	55.0	2.7
鸭　肉	74.6	16.5	7.5	0.5	569.0	0.9	0.07	—	—
鸭　蛋	70.0	13.0	14.7	1.0	778.2	1.8	0.15	71.0	—
小黄花鱼	—	10.0	0.46	44.0	184.1	0.52	18.8	74.8	0.006
带　鱼	—	13.0	5.32	0	418.4	0.78	17.2	115.0	0.006
鲅　鱼	—	10.1	0.94	0	213.4	0.56	28.0	89.6	0.01
偏口鱼	—	10.9	0.96	0.68	230.1	0.56	13.0	94.6	微
花平鱼	—	9.2	1.88	0	225.9	0.64	18.2	103.8	0.006
黄姑鱼	77.1	19.3	3.2	—	443.5	1.1	67.0	167.0	微
面条鱼	—	8.2	0.3	1.4	171.5	1.0	35.8	102.0	0.01
加吉鱼	—	10.8	2.3	1.7	267.8	0.68	32.4	98.0	0.012
明太鱼	79.0	18.0	1.6	0.2	364.0	1.2	151.0	167.0	—
鲐巴鱼	70.4	21.4	7.4	—	636.0	1.1	20.0	226.0	2.0
鲅　鱼	77.0	19.1	2.5	0.2	418.4	1.2	22.0	209.0	1.0
鳎　鱼	83.5	13.7	1.2	0.7	284.5	0.9	27.0	135.0	1.0
橡皮鱼	79.0	19.2	0.5	0	338.9	1.7	9.0	174.0	3.6
青　鱼	74.5	19.5	5.2	0	523.0	1.0	25.0	171.0	0.8
鲈　鱼	—	10.2	1.8	0.24	242.7	0.58	32.4	76.0	0.7
鲢　鱼	—	11.2	2.88	0	297.1	0.7	16.8	100.0	0.7
鲤　鱼	—	10.7	3.2	0	301.2	0.62	155.0	108.0	1.0
鲫　鱼	—	5.2	0.44	0.04	108.8	0.32	21.6	18.2	1.0
白漂子	75.8	19.3	2.2	0.1	405.8	2.6	60.0	93.3	1.1

名 称	水 分	蛋白质	脂 肪	糖	热 量（千焦）	灰 分	钙	磷	铁
泥 鳅	73.5	22.6	2.9	0	489.5	2.2	51.0	154.0	3.0
乌 贼	84.0	13.0	0.8	1.3	280.3	1.1	18.0	158.0	—
熟鱼干	20.0	59.1	2.6	6.9	1200.8	11.4	257.0	261.0	—
鱼 粉	9.2	55.6	11.0	0	1343.1	24.2	70.5	2982.0	47.5
比目鱼	80.0	17.0	0.5	1.4	397.5	1.0	—	—	—
田 螺	78.0	7.6	1.3	9.8	334.7	3.3	1268.0	84.0	14.5
毛 蚶	88.9	8.1	0.4	2.0	184.1	0.6	—	—	—
河 蚌	83.6	6.6	3.3	5.0	318.0	1.5	—	—	—
河 虾	80.5	4.0	0.2	0.4	200.8	—	—	—	—
虾 干	24.0	39.7	1.5	14.3	962.3	20.4	—	—	—
青 蛙	87.0	11.9	0.3	0.2	213.4	0.6	—	—	—
蚕蛹干	8.0	60.0	20.0	7.0	1924.6	1.5	—	—	—
蜂 蜜*	18.5	1.4	—	79.9	1393.3	0.2	—	—	—
干酵母	4.0	46.6	1.7	39.0	1498.0	0.8	106	1893.0	18.2
饲用酵母*	9.0	37.5	—	4.2	1255.2	9.5	—	—	—
酿造酵母*	—	—	—	—	—	—	—	—	—
面包酵母	—	—	—	—	—	—	—	—	—
鱼肝油	0.5	—	97.0	—	3765.6	3.5	—	—	—
小麦面	12.0	9.9	1.8	74.0	1412.8	1.1	38.0	268.0	4.2
小米面	11.0	13.8	7.8	63.0	1577.4	2.2	54.0	305.0	4.8
玉米面	12.0	9.0	4.3	72.0	1518.8	1.3	22.0	310.0	3.4
荞麦面	11.0	11.2	2.4	72.0	1481.1	2.1	10.0	180.0	1.2
黄 豆	10.0	36.3	18.4	25.0	1719.6	5.0	367.0	571.0	11.0

名　称	水　分	蛋白质	脂　肪	糖	热　量 (千焦)	灰　分	钙	磷	铁
豆　汁	96.0	1.9	0.4	1.0	62.8	0.3	3.0	25.0	0.8
麦　麸	11.0	13.9	4.2	56.0	1326.3	5.3	11.0	14.0	4.2
高粱面	16.3	7.5	2.6	70.8	1410.3	1.6	44.0	—	—
窝窝头	54.0	7.2	3.2	33.3	799.1	1.1	33.0	151.0	2.1
大麦面	11.9	10.5	2.2	66.0	1368.2	2.6	43.0	400.0	4.1
大米面	12.4	7.3	0.3	78.5	1447.7	0.3	1.2	—	—
豌豆面*	12.0	22.7	1.2	52.9	1343.1	4.9	—	—	—
亚麻油饼*	7.3	34.4	8.2	34.0	1493.7	7.4	—	—	—
黄豆饼*	11.3	43.0	1.2	32.2	1338.9	6.1	—	—	—
青　稞	12.6	10.1	1.8	70.3	1414.2	3.4	83.0	364.0	14.5
红　薯	67.0	1.8	0.2	29.5	523.0	0.9	18.0	20.0	0.4
土　豆	80.0	2.3	0.1	16.6	322.2	0.8	11.0	64.0	1.2
胡萝卜	89.0	1.0	0.4	8.0	167.4	0.7	19.0	23.0	1.9
大头菜	88.0	1.5	0.1	7.0	146.4	1.2	39.0	37.0	1.0
大白菜	94.0	1.4	0.1	3.0	79.5	0.7	33.0	42.0	0.4
油　菜	92.0	2.0	0.1	4.0	104.6	1.4	140.0	52.0	3.4
菠　菜	96.0	2.0	0.1	2.0	75.3	0.7	70.0	34.0	2.5
小白菜	94.5	1.3	0.3	2.3	71.2	0.6	1.0	93.0	50.0
西红柿	96.0	0.6	0.3	2.0	54.4	0.4	8.0	37.0	0.4
海　带	12.0	8.2	0.1	57.0	1514.6	12.91	177.0	22.0	0.2
大　葱*	86.0	1.7	0.1	10.8	217.6	0.7	—	—	—

注：1. 据国内外部分食物营养成分表换算的。因饲料产地不同成分亦有差异，

　　表中数据可供参考

　　2. * 据 H. M. 别瑞尔狄克和 B. A. 捷维特基等资料

　　3. 单位：水分、蛋白质、脂肪、糖、灰分为克，钙、磷、铁为毫克

二、狐常用药物及剂量

狐常用药物及剂量见附表 2 至附表 14。

附表 2　抗菌消炎药

药 名	制 剂	用法与用量	作用与用途
青霉素 G（钠或钾）	粉针剂 40 万/支 80 万/支 160 万/支	肌内、皮下或静脉注射，2 万～4 万单位/千克体重，每日 2～3 次	抑制或杀灭革兰氏阳性细菌
氨苄青霉素（氨苄西林）	粉针剂 0.5 克/支	肌内、静脉注射，10～20 毫克/千克体重，每日 2～3 次	广谱抗菌，但对绿脓杆菌、肺炎杆菌无效
羧氨苄青霉素（阿莫西林）	粉 剂	11～22 毫克/千克体重，口服，每日 1 次	同氨苄青霉素
甲氧苯青霉素（新青霉素 I）	粉针剂	肌内注射，5～10 毫克/千克体重，每日 3 次	主要用于耐药性金黄色葡萄球菌引起的感染
苯唑青霉素（新青霉素 II）	胶囊 0.25 克，粉针剂 0.5 克	内服，30～40 毫克/千克体重；肌内注射，15～20 毫克/千克体重，每日 2～4 次	用于耐药性金黄色葡萄球菌，或与链球菌共同引起的混合感染
乙氧萘青霉素（新青霉素 III）	胶囊 0.25 克，粉针剂 0.5 克	肌内、静脉注射，10～20 毫克/千克体重，每日 2～3 次	用于耐药性金黄色葡萄球菌引起的呼吸道及泌尿系统感染

药　名	制　剂	用法与用量	作用与用途
拜 有 利	针　剂	肌内注射,0.05毫升/千克体重,每日1次,连用3日	革兰氏阴性、阳性细菌及支原体感染
硫酸链霉素	粉针剂1克	肌内注射,10～20 毫 克/千克体重,每日2次	主要抗革兰氏阴性细菌及结核分枝杆菌,对多数革兰氏阳性菌无效
硫酸双氢链霉素	粉针剂1克	肌内注射,10～20毫克/千克体重,每日2次	同链霉素
硫酸新霉素	片剂0.1克,粉针剂1克	内服,肌内注射,5～10毫克/千克体重,每日2次	广谱抗菌杀菌,对真菌、病毒无效
硫酸卡那霉素	针剂2毫升,0.5克	肌内注射,5～10 毫克/千克体重,每日3次	广谱抗菌,但主要用于大肠杆菌、沙门氏菌、巴氏杆菌感染
硫酸庆大霉素	针剂8万单位	肌内注射,1万单位/千克体重,每日1次	抗菌谱广,但不用于静脉注射
壮观霉素	针剂每毫升含100毫克	肌内注射,5.5～11毫克/千克体重,每日1次	广谱抗菌,对支原体也有效
土霉素	片剂0.1克,粉剂0.5克	内服或肌内注射,20～40毫克/千克体重,每日2～3次	广谱抗菌杀菌

药 名	制 剂	用法与用量	作用与用途
金 霉 素	片剂 0.25 克	内服, 20 ～ 40 毫克/千克体重, 每日 2 次	同土霉素
四 环 素	片剂 0.25 克, 粉针剂 0.25 克	内服或肌内注射, 20 ～ 40 毫克/千克体重, 每日 2 ～ 3 次	同土霉素
强力霉素	片剂 0.1 克, 粉针剂 0.1 克	内服或肌内注射, 10 ～ 20 毫克/千克体重, 每日 2 次	抗菌谱同土霉素, 但作用更强, 效果好
林可霉素	片剂 0.25 克, 粉针剂 0.6 克	内服或肌内注射, 11 ～ 22 毫克/千克体重, 每日 2 次	主要对革兰氏阳性菌有效
克林霉素	片剂 0.15 克, 粉针剂 0.15 克	内服或肌内注射, 11 ～ 22 毫克/千克体重, 每日 2 次	同林可霉素
红 霉 素	片剂 0.1 克, 粉针剂 0.25 克	内服或肌内注射, 5 ～ 10 毫克/千克体重, 每日 2 次	主要对革兰氏阳性菌有效
北里霉素	片剂 0.1 克, 粉针剂 0.2 克	内服或肌内注射, 10 ～ 20 毫克/千克体重, 每日 2 次	广谱抗菌素, 但主要对革兰氏阳性菌效果好

药 名	制 剂	用法与用量	作用与用途
泰乐菌素	针 剂	肌内注射,5～10 毫克/千克体重	类似于北里霉素,但对支原体有特效
螺旋霉素	针 剂	肌内或皮下注射,10～20 毫克/千克体重,每日 1 次	同泰乐菌素
多黏菌素 B	片剂 25 毫克,粉针剂 50 毫克	内服或皮下注射,5～10 毫克/千克体重,每日 2 次	主要用于革兰氏阴性菌感染
灰黄霉素	片剂 0.1 克	内服,20 毫克/千克体重,每日分 2～3 次服用,连用 30 日	主要用于浅部皮肤真菌感染
两性霉素 B	粉针剂 50 毫克	静脉注射,4 毫克/千克体重,每 2 日 1 次	主要用于全身性深部真菌感染
克霉唑	片剂 0.5 克,软膏 5%	片剂内服,软膏剂外用	主要对皮肤癣,作用与灰黄霉素相同
制霉菌素	片剂 25 万单位	内服,1 万～2 万单位/千克体重,每日 3 次	主要用于肠道真菌性感染

药　名	制　剂	用法与用量	作用与用途
氟哌酸	粉　剂	内服,5 毫克/千克体重,每日 3 次	广谱抗菌,对革兰氏阴性菌作用强
恩诺沙星	粉剂,针剂 2.5%	内服或肌内、静脉注射,2.5～5 毫克/千克体重,每日 2 次	广谱抗菌药物
磺胺噻唑	片剂 0.5 克,针剂 1 克	片剂内服,首次 0.2 克/千克体重,维持量为 0.1 克/千克体重,每日 2 次;针剂静脉注射,首次 0.14 克/千克体重,维持量为 0.07 克/千克体重,每日 2 次	广谱抑菌
磺胺嘧啶	片剂 0.5 克,针剂 1 克	同磺胺噻唑	广谱抑菌,为减少副作用,内服时配等量的碳酸氢钠
复方新诺明	片剂 0.5 克,针剂 2 毫升	片剂内服;针剂肌内注射,20～40 毫克/千克体重,每日 2 次	同磺胺嘧啶

药 名	制 剂	用法与用量	作用与用途
磺胺二甲嘧啶	片剂 0.5 克,针剂 0.4 克	片剂内服;针剂肌内、静脉注射,0.07～0.14 毫克/千克体重,每日 2 次	同磺胺嘧啶
磺胺脒(胍)	片剂 0.5 克	内服,0.2 克/千克体重,每日 2 次	主要用于肠炎、腹泻等消化道感染
磺胺结晶	粉 剂	外 用	主要用于防治外伤感染
二甲氧苄氨嘧啶	片剂 0.1 克	内服,5～10 毫克/千克体重,每日 2 次	本药单独使用时少见,易产生耐药性,主要与其他抗菌药合用
复方敌菌净	片剂 0.1 克	内服,20～30 毫克/千克体重,每日 2 次	主要用于肠道细菌感染
病毒灵(吗啉双胍)	片剂 0.1 克	内服,每次 0.1 克,每日 2 次	可用于流感、腮腺炎、水痘、疱疹、麻疹等,可抑制部分病毒

附表 3　抗寄生虫药

药　名	制　剂	用法与用量	作用与用途
左旋咪唑	片剂 25 毫克，针剂 0.1 克/2 毫升	内服，10～20 毫克/千克体重；肌内注射，5～10 毫克/千克体重	广谱驱虫药，对多种线虫有效
噻苯咪唑	片剂 0.25 克	内服，50 毫克/千克体重	广谱、高效、低毒驱虫药
丙硫苯咪唑（抗蠕敏）	片剂 50 毫克	内服，10～20 毫克/千克体重	广谱驱虫药，可驱多种线虫、绦虫
哈乐松	粉剂	内服，50 毫克/千克体重	有机磷驱虫剂，可驱蛔虫、钩虫、蛲虫等
敌百虫	片剂 0.5 克	内服，75 毫克/千克体重	同哈乐松
阿维菌素	乳油 1%	皮下、肌内注射，0.04 毫升/千克体重	高效、广谱驱线虫及体外寄生虫，但对绦虫、吸虫无效
伊维菌素	注射液 1%	皮下、肌内注射 0.04 毫升/千克体重	同灭虫丁
氰乙酰肼	注射液 10%	皮下注射，15 毫升/千克体重	驱除肺线虫，有一定毒性
灭绦灵	片剂	内服，100 毫克/千克体重	驱除绦虫、吸虫等

药　名	制　剂	用法与用量	作用与用途
己胺嗪	粉剂	内服，60 毫克/千克体重	驱除肺丝虫、心丝虫等
碘化噻氰胺	粉剂	内服，6.6～11 毫克/千克体重，连用 7 天	驱心丝虫及肠道线虫
吡喹酮	粉剂	内服，2.5～5 毫克/千克体重	驱缘虫及吸虫
槟榔		内服，20～30 克/只·次	驱缘虫
南瓜子		内服，200～300 克/只·次	驱缘虫
硫双二氯酚（别丁）	粉剂	内服，0.2 克/千克体重	驱杀吸虫
六氯乙烷（吸虫灵）	粉剂	内服，0.2 克/千克体重	驱杀吸虫
硫酸喹啉脲	针剂 10 毫升；0.1 克	皮下注射，0.25 毫克/千克体重	抗焦虫药
灭滴灵（甲硝唑）	针剂片剂	针剂静脉注射，10 毫克/千克体重；片剂内服，20 毫克/千克体重	驱除滴虫
阿的平	粉剂	内服，50～100 毫克/千克体重，每日 2 次	驱疟原虫药

附表 4　麻醉、镇静药

药　名	制　剂	用法与用量	作用与用途
乙　醚	液　体	吸入麻醉 0.5～ 4 毫升	全身麻醉
氯丙嗪	片　剂 针　剂	内服，3 毫克/ 千克体重；肌内注 射，1.1～6.6 毫 克/千克体重	用于镇静，解除 平滑肌痉挛
静松灵	针剂 2%	肌内注射， 1.5～2 毫克/千 克体重	使骨骼肌松弛， 用于保定
速眠新	针　剂	肌内注射，0.04～ 0.05 毫克/千克体 重	使骨骼肌松弛， 用于保定
安　定	片　剂 针　剂	内服，5.5 毫 克/千克体重；肌 内注射，2.5～20 毫克/只·次	有镇静、催眠、 抗惊厥作用
利眠宁	片　剂 针　剂	内服，3～7 毫 克/千克体重；肌 内注射，2～4 毫 克/千克体重	同安定，但作用 稍弱
扑痫酮	片　剂	内服，55 毫克/ 千克体重	有镇静、抗癫痫 作用
氯胺酮	针　剂	静脉注射，5～7 毫克/千克体重	用于保定、麻醉
龙　朋	针　剂	静脉注射， 0.5～1 毫克/千 克体重	安定、镇痛、肌 肉松弛

药　名	制　剂	用法与用量	作用与用途
普鲁卡因	粉　剂	滴于黏膜表面，3%～5%；浸润麻醉，0.5%；传导麻醉，2%～5%；封闭疗法，0.5%	表面麻醉；局部浸润麻醉；神经干麻醉；用于消除患部疼痛
丁卡因	针　剂	表面麻醉，0.5%～1%	主要用于表面麻醉
可卡因	针　剂	表面麻醉，1%～5%	主要用于表面麻醉
利多卡因	针　剂	同普鲁卡因	同普鲁卡因

附表 5　中枢神经兴奋药

药　名	制　剂	用法与用量	作用与用途
安钠咖	针剂 20%	皮下、肌内、静脉注射，0.024～0.048 毫克/千克体重	强心、利尿、兴奋大脑皮质
氨茶碱	针剂 25%，片剂 0.1 克	肌内、静脉注射，2～4 毫克/千克体重，内服，3～5 毫克/千克体重	松弛支气管、胆管、血管平滑肌，用于哮喘、胆管绞痛、心绞痛，也可用于强心利尿
樟脑磺酸钠	针剂 10%	皮下、肌内、静脉注射，每只每次 0.05～0.1 克	对呼吸中枢、血管运动中枢、心脏等有兴奋作用

药　名	制　剂	用法与用量	作用与用途
尼可刹米	针剂 25%	皮下、肌内、静脉注射，每只每次 0.1～0.5 克	兴奋呼吸中枢，用于呼吸中枢抑制
戊 四 氮	针剂 10%	皮下、肌内、静脉注射，每只每次 0.02～0.1 克	同尼可刹米
士 的 宁	针剂 1 毫升（2 毫克）	皮下注射，每只每次 0.2～0.6 毫克	兴奋脊髓，进而兴奋骨骼肌、延髓的呼吸中枢和血管运动中枢

附表 6　解热、镇痛、抗风湿药

药　名	制　剂	用法与用量	作用与用途
复方氨基比林	针剂 10%	皮下、肌内注射，每只每次 0.5～1 毫升	解热、镇痛、消炎、抗风湿
安 乃 近	针剂 30%	皮下、肌内注射，每只每次 0.3～0.6 克	解热、镇痛、消炎、抗风湿，解热作用较强
保 泰 松	片剂 0.1 克	内服，每次 20 毫克/千克体重	解热、镇痛、消炎、抗风湿，主要用于抗风湿
水杨酸钠	针剂 10%	静脉注射，每只每次 0.1～0.5 克	解热、镇痛、消炎、抗风湿，主要用于抗风湿
阿司匹林	片剂 0.3 克	内服，每只每次 0.2～1.0 克	有较强的解热、镇痛、抗风湿作用

药　名	制　剂	用法与用量	作用与用途
萘普生（消痛灵）	片剂 0.25 克	内服，首次 5 毫克/千克体重，维持量为 1.2～1.8 毫克/千克体重	消炎、镇痛、解热
吲哚美锌（消炎痛）	片剂 25 毫克	内服，2 毫克/千克体重	消炎、镇痛、解热

附表 7　作用于心血管系统药

药　名	制　剂	用法与用量	作用与用途
洋地黄毒苷	粉剂 针剂	内服，0.033～0.11 毫克/千克体重，分 2 次用；静脉注射全效量为 0.006～0.012 毫克/千克体重，维持量为全效量的 1/10	加强心肌收缩力，用于强心
黄夹苷（强心灵）	针　剂	静脉注射，每只每次 0.08～0.18 毫克	强心作用迅速，用于心力衰竭
盐酸肾上腺素	针　剂	皮下、肌内注射，每只每次 0.1～0.5 毫升	用于心脏骤停、过敏性休克、局部止血
麻黄碱	片剂 25 毫克 针　剂	片剂内服；针剂肌内注射，每只每次 10～30 毫克	治疗支气管哮喘，消除黏膜充血

药　名	制　剂	用法与用量	作用与用途
多巴胺	针剂	静脉注射,每只每次 200 毫克	用于各种类型的休克,尤其是伴有肾功能不全,心输出量降低的休克

附表 8　作用于呼吸系统药

药　名	制　剂	用法与用量	作用与用途
氯化铵	片剂 0.3 克	内服 100 毫克/千克体重	祛痰、利尿
咳必清	片剂 25 毫克	内服,每只每次 0.05 克	镇咳
可待因	片剂 30 毫克	内服,每只每次 5 毫克	镇咳、镇静、镇痛

附表 9　作用于消化系统药

药　名	制　剂	用法与用量	作用与用途
小苏打	片剂 0.3 克,针剂 5%	片剂内服;针剂静脉注射,每只每次 0.2~0.5 克	健胃、缓解酸中毒
干酵母	片剂 0.3 克	内服每只每次 1~2 片	助消化,补充维生素
乳酸菌素	片剂 0.5 克	内服每只每次 1~2 片	助消化、止酵

药　名	制　剂	用法与用量	作用与用途
矽炭银	片剂	水貂 0.1～0.5 克；狐、貉 0.5～1 克	吸附收敛,用于消化不良、稀便
胃长宁	针剂	肌内注射,0.01 毫克/千克体重	抑制平滑肌收缩及胃酸分泌
胃复安	针剂	肌内注射,0.01 毫克/千克体重	止吐
阿托品	针剂	肌内注射,0.04 毫克/千克体重	抑制平滑肌痉挛
新斯的明	针剂	肌内注射,1 毫克/千克体重	促进平滑肌蠕动
液体石蜡	油剂	内服,每只每次 10～30 毫升	缓泻,软化粪便
植物油	油剂	同液体石蜡	同液体石蜡
鞣酸	粉剂	内服,每只每次 1～2 克	收敛,止泻
白陶土	粉剂	内服,每只每次 5～10 克	吸附、止泻
活性炭	粉剂	内服,每只每次 5～10 克	吸附、止泻
止泻宁	片剂	内服,每只每次 2.5 毫克	止泻
硫酸钠	粉剂	内服,0.2～0.4 克/千克体重	催泻
阿扑吗啡	粉针	静脉注射,0.04 毫克/千克体重	催吐

药 名	制 剂	用法与用量	作用与用途
氢氯噻嗪（双氢克尿塞）	针 剂	静脉、肌内注射，每只每次 10～20 毫克	利尿，用于各种水肿
速尿（呋喃苯胺酚）	针 剂	静脉注射，2～4 毫克/千克体重	利尿、消炎
氯噻酮	片 剂	内服，每只每次 5～10 毫克	利尿
汞撒利	针 剂	肌内注射，每只每次 5～10 毫克	利 尿
乌洛托品	针 剂	静脉注射，每只每次 0.1～1 克	利尿，消炎
甘露醇	针剂 20％	静脉注射，每只每次 10～50 毫升	脱水，利尿
山梨醇	针剂 25％	静脉注射，每只每次 10～50 毫升	脱水，利尿

附表 11 作用于生殖系统的药

药 名	制 剂	用法与用量	作用与用途
催产素	针 剂	肌内注射，2～10 单位	促进子宫收缩，止血，排出死胎
垂体后叶素	针 剂	肌内注射，0.2～0.5 毫升	同催产素
麦角新碱	针 剂	肌内注射，0.5～1 毫升	促进子宫收缩，用于产后出血
黄体酮	针 剂	肌内注射，1～2 毫升	治疗先兆性和习惯性流产

药 名	制 剂	用法与用量	作用与用途
甲基睾丸酮	片剂 5 毫克	内服，0.5～1 毫克	用于公兽催情
绒毛膜促性腺激素	粉针剂	肌内注射，每只每次 100～500 单位	促进母兽排卵，提高受胎率

附表 12 抗过敏药

药 名	制 剂	用法与用量	作用与用途
异丙嗪	片 剂 针 剂	片剂内服，每只每次 50～200 毫克；针剂肌内注射，每只每次 25～100 毫升	抗过敏
吡甲胺（扑敏宁）	片 剂 针 剂	片剂内服；针剂肌内注射，1 毫克/千克体重	抗过敏
吡拉明（新安替根）	片 剂 针 剂	片剂内服；针剂肌内注射，5～10 毫克/千克体重	抗过敏
苯海拉明（乘晕宁）	片 剂 针 剂	片剂内服；针剂肌内注射，1 毫克/千克体重	治疗因运输而造成的呕吐、眩晕

药　名	制　剂	用法与用量	作用与用途
苯酚(石炭酸)	结晶 500 克/瓶	2%～5%溶液用于环境消毒，1%用于皮肤止痒	杀灭细菌、真菌及某些病毒
煤酚皂(来苏儿)	溶液,500 毫升/瓶	5%溶液用于环境消毒；1%～2%溶液用于手、器械消毒	其作用比苯酚大 3 倍,毒性比苯酚小
松馏油	液体,500 毫升/瓶	外用 2%～5%溶液	防腐、杀虫、刺激感觉神经末梢
鱼石脂	液体、软膏 500 毫升/瓶	外用 30%～50%	消炎、消肿、促进肉芽生长
乙　醇	溶　液	外用,70%～75%溶液	用于皮肤、针头及器械的消毒
甲　醛	溶　液	熏蒸消毒或 4%～8%溶液喷雾消毒	杀菌力强,对芽孢、真菌、病毒也有效
露它净	溶　液	36%溶液,外用	外用防腐消毒药
氢氧化钠(苛性钠)	结　晶	3%～5%溶液用于环境消毒	能杀灭细菌、芽孢、病毒、虫卵
氧化钙(生石灰)	硬　块	10%～20%石灰乳,用于环境消毒	主要杀灭细菌
硼　酸	无色结晶或白色粉末	2%～4%溶液用于冲洗眼、口腔；3%～5%溶液冲洗创伤	抑制细菌生长,刺激性小

药　名	制　剂	用法与用量	作用与用途
过氧化氢(双氧水)	溶　液	1%～3%溶液冲洗化脓创面,0.3%～1%溶液冲洗口腔	用于清洗消毒创面
高锰酸钾	结　晶	1%溶液冲洗黏膜、创伤、溃疡	有抗菌、除臭、收敛作用
过氧乙酸	液　体	熏蒸或5%溶液喷雾笼、舍	杀灭细菌、芽孢、真菌及病毒
漂白粉	粉　剂	5%～20%溶液消毒笼舍,每1 000毫升饮水加0.3～1.5克用于消毒饮水	同过氧乙酸
龙胆紫(甲紫)	粉　剂	1%～3%溶液用于外伤消毒	抑制革兰氏阳性菌、霉菌
硫柳汞	粉　剂	0.1%溶液用于皮肤消毒,0.02%溶液用于黏膜消毒	抑制细菌、真菌
新洁尔灭	液　体	0.1%溶液用于皮肤、器械消毒,0.01%溶液用于黏膜消毒	杀死细菌,但对真菌、芽孢无效,对病毒的作用也弱

附表 14 特效解毒药

药　名	制　剂	用法与用量	作用与用途
碘解磷定	针　剂	静脉注射，20毫克/千克体重	用于有机磷中毒，常配合阿托品使用
氯磷定	针　剂	静脉注射，20毫克/千克体重	同碘解磷定
双复磷	针　剂	静脉注射，20毫克/千克体重	同碘解磷定
二巯基丙醇	针　剂	静脉注射，4毫克/千克体重	用于砷、汞、锑等重金属盐中毒
依地酸钙钠	针　剂	静脉注射，20毫克/千克体重	用于铅等重金属盐中毒
亚硝酸钠	针　剂	静脉注射，20毫克/千克体重	用于氰化物中毒
硫代硫酸钠（大苏打）	针　剂	静脉注射，20毫克/千克体重	用于氰化物中毒及重金属盐中毒
美　蓝	针　剂	静脉注射，1毫克/千克体重或10毫克/千克体重	小剂量时可解亚硝酸盐中毒，大剂量时可解氰化物中毒
解氟灵（乙酰胺）	针　剂	肌内注射，0.1毫克/千克体重	用于有机氟中毒

三、狐场常用统计和计算方法

1. 受配率 用于配种期考察狐交配进度的数字。

$$受配率(\%) = \frac{达成配种狐数}{参加配种狐数} \times 100$$

2. 产仔率 用于调查母狐妊娠情况。

$$产仔率(\%) = \frac{产仔母狐数}{实配母狐数} \times 100$$

3. 胎平均产仔数 用于了解母狐产仔能力的测定。

$$胎平均产仔数 = \frac{仔狐数(包括死胎和死仔狐)}{产仔母狐数}$$

4. 群平均育成数 用于了解整个狐群的生产水平。

$$群平均育成数 = \frac{群成活仔狐数}{群参加配种母狐数}$$

5. 成活率 用于衡量仔、幼狐成活率。

$$成活率(\%) = \frac{成活仔、幼狐数}{所产仔、幼狐数} \times 100$$

6. 年增殖数 用于衡量年度狐群变动情况。

$$年增殖率(\%) = \frac{年末狐数 - 年初狐数}{年初狐数} \times 100$$

7. 死亡率 用于了解狐群发病死亡情况。

$$死亡率(\%) = \frac{死亡狐数}{全群狐数} \times 100$$

主要参考文献

1 朴厚坤等．实用养狐技术．北京:中国农业出版社，2002

2 佟煜人等．中国毛皮兽饲养技术大全．北京:中国农业科技出版社,1990

3 郭永佳等．养狐实用新技术．北京:金盾出版社，2005

4 钱国成等．新编毛皮动物疾病防治．北京:金盾出版社,2006

5 葛东宁等．蓝狐饲养技术规程．国家林业局行业标准 LY/T 1290—2005

6 国家林业局．毛皮野生动物(兽类)·驯养繁育利用技术管理暂行规定[林护发(2005)91 号]

金盾版图书,科学实用,
通俗易懂,物美价廉,欢迎选购

毛皮兽养殖技术问答(修订版)	12.00元	图说高效养貉关键技术	8.00元
毛皮兽疾病防治	10.00元	怎样提高养貉效益	11.00元
新编毛皮动物疾病防治	12.00元	乌苏里貂四季养殖新技术	11.00元
毛皮动物饲养员培训教材	9.00元	麝鼠养殖和取香技术	4.00元
毛皮动物防疫员培训教材	9.00元	人工养麝与取香技术	6.00元
		海狸鼠养殖技术问答(修订版)	6.00元
毛皮加工及质量鉴定	6.00元	冬芒狸养殖技术	4.00元
茸鹿饲养新技术	11.00元	果子狸驯养与利用	8.50元
水貂养殖技术	5.50元	艾虎黄鼬养殖技术	4.00元
实用水貂养殖技术	8.00元	毛丝鼠养殖技术	4.00元
水貂标准化生产技术	7.00元	食用黑豚养殖与加工利用	6.00元
图说高效养水貂关键技术	12.00元	家庭养猫	5.00元
怎样提高养水貂效益	11.00元	养猫驯猫与猫病防治	12.50元
养狐实用新技术(修订版)	10.00元	鸡鸭鹅病防治(第四次修订版)	12.00元
狐的人工授精与饲养	4.50元	肉狗的饲养管理(修订版)	5.00元
图说高效养狐关键技术	8.50元		
北极狐四季养殖新技术	7.50元	中外名犬的饲养训练与鉴赏	19.50元
狐标准化生产技术	7.00元		
怎样提高养狐效益	13.00元	藏獒的选择与繁殖	13.00元
实用养貉技术(修订版)	5.50元	藏獒饲养管理与疾病防治	20.00元
貉标准化生产技术	7.50元		

养蜂工培训教材	9.00 元	无公害水产品高效生产	
蜂王培育技术(修订版)	8.00 元	技术	8.50 元
蜂王浆优质高产技术	5.50 元	淡水养鱼高产新技术	
蜜蜂育种技术	12.00 元	(第二次修订版)	26.00 元
中蜂科学饲养技术	8.00 元	淡水养殖 500 问	23.00 元
蜜蜂病虫害防治	6.00 元	淡水鱼繁殖工培训教材	9.00 元
蜜蜂病害与敌害防治	9.00 元	淡水鱼苗种培育工培训	
无公害蜂产品生产技术	9.00 元	教材	9.00 元
蜂蜜蜂王浆加工技术	9.00 元	池塘养鱼高产技术(修	
蝇蛆养殖与利用技术	6.50 元	订本)	3.20 元
桑蚕饲养技术	5.00 元	池塘鱼虾高产养殖技术	8.00 元
养蚕工培训教材	9.00 元	池塘养鱼新技术	16.00 元
养蚕栽桑 150 问(修订版)	6.00 元	池塘养鱼实用技术	9.00 元
蚕病防治技术	6.00 元	池塘养鱼与鱼病防治(修	
图说桑蚕病虫害防治	17.00 元	订版)	9.00 元
蚕茧收烘技术	5.90 元	池塘成鱼养殖工培训	
柞蚕饲养实用技术	9.50 元	教材	9.00 元
柞蚕放养及综合利用技		盐碱地区养鱼技术	16.00 元
术	7.50 元	流水养鱼技术	5.00 元
蛤蚧养殖与加工利用	6.00 元	稻田养鱼虾蟹蛙贝技术	8.50 元
鱼虾蟹饲料的配制及配		网箱养鱼与围栏养鱼	7.00 元
方精选	8.50 元	海水网箱养鱼	9.00 元
水产活饵料培育新技术	12.00 元	海洋贝类养殖新技术	11.00 元
引进水产优良品种及养		海水种养技术 500 问	20.00 元
殖技术	14.50 元	海水养殖鱼类疾病防治	15.00 元

　　以上图书由全国各地新华书店经销。凡向本社邮购图书或音像制品,可通过邮局汇款,在汇单"附言"栏填写所购书目,邮购图书均可享受 9 折优惠。购书 30 元(按打折后实款计算)以上的竟收邮挂费,购书不足 30 元的按邮局资费标准收取 3 元挂号费,邮寄费由我社承担。邮购地址:北京市丰台区晓月中路 29 号,邮政编码:100072,联系人:金友,电话:(010)83210681、83210682、83219215、83219217(传真)。